# "博雅大学堂·设计学专业规划教材"编委会

**主 任**

潘云鹤 （中国工程院原常务副院长，国务院学位委员会委员，中国工程院院士）

**委 员**

潘云鹤

谭　平 （中国艺术研究院副院长、教授、博士生导师，教育部设计学类专业教学指导委员会主任）

许　平 （中央美术学院教授、博士生导师，国务院学位委员会设计学学科评议组召集人）

潘鲁生 （山东工艺美术学院院长、教授、博士生导师，教育部设计学类专业教学指导委员会副主任）

宁　刚 （景德镇陶瓷学院副院长、教授、博士生导师，国务院学位委员会设计学学科评议组成员）

何晓佑 （南京艺术学院副院长、教授、博士生导师，教育部设计学类专业教学指导委员会副主任）

何人可 （湖南大学教授、博士生导师，教育部设计学类专业教学指导委员会副主任）

何　洁 （清华大学教授、博士生导师，教育部设计学类专业教学指导委员会副主任）

凌继尧 （东南大学教授、博士生导师，国务院学位委员会艺术学学科第5、6届评议组成员）

辛向阳 （原江南大学设计学院院长、教授、博士生导师）

潘长学 （武汉理工大学艺术与设计学院院长、教授、博士生导师）

**执行主编**

凌继尧

设计学专业规划教材　环境艺术设计系列

赵慧宁 著

# 商业空间设计

Commercial
Space
Design

北京大学出版社
PEKING UNIVERSITY PRESS

**图书在版编目（CIP）数据**

商业空间设计 / 赵慧宁著. —北京：北京大学出版社，2018.1
（博雅大学堂·设计学专业规划教材）
ISBN 978-7-301-28911-2

Ⅰ.①商…　Ⅱ.①赵…　Ⅲ.①商业建筑—室内装饰设计—高等学校—教材
Ⅳ.①TU247

中国版本图书馆 CIP 数据核字（2017）第 257533 号

| | |
|---|---|
| 书　　　名 | 商业空间设计 |
| | SHIANGYE KONGJIAN SHEJI |
| 著作责任者 | 赵慧宁　著 |
| 责任编辑 | 谭　燕　赵　维 |
| 标准书号 | ISBN 978-7-301-28911-2 |
| 出版发行 | 北京大学出版社 |
| 地　　　址 | 北京市海淀区成府路 205 号　100871 |
| 网　　　址 | http://www.pup.cn　　新浪微博：@北京大学出版社 |
| 电子信箱 | pkuwsz@126.com |
| 电　　　话 | 邮购部 62752015　发行部 62750672　编辑部 62755910 |
| 印　刷　者 | 北京中科印刷有限公司 |
| 经　销　者 | 新华书店 |
| | 710 毫米 × 1000 毫米　16 开本　12.5 印张　220 千字 |
| | 2018 年 1 月第 1 版　2021 年 7 月第 2 次印刷 |
| 定　　　价 | 68.00 元 |

# $\mathbb{C}$目录
## ontents

北京大学出版社在多年出版本科设计专业教材的基础上，决定编辑、出版"博雅大学堂·设计学专业规划教材"。这套丛书涵括设计基础 / 共同课、视觉传达设计、环境艺术设计、工业设计 / 产品设计、动漫设计 / 多媒体设计等子系列，目前列入出版计划的教材有 70 — 80 种。这是我国各家出版社中，迄今为止数量最多、品种最全的本科设计专业系列教材。经过深入的调查研究，北京大学出版社列出书目，委托我物色作者。

北京大学出版社的这项计划得到我国高等院校设计专业的领导和教师们的热烈响应，已有几十所高校参与这套教材的编写。其中，985 大学 16 所：清华大学、浙江大学、上海交通大学、北京理工大学、北京师范大学、东南大学、中南大学、同济大学、山东大学、重庆大学、天津大学、中山大学、厦门大学、四川大学、华东师范大学、东北大学；此外，211 大学 7 所：南京理工大学、江南大学、上海大学、武汉理工大学、华南师范大学、暨南大学、湖南师范大学；艺术院校 16 所：南京艺术学院、山东艺术学院、广西艺术学院、云南艺术学院、吉林艺术学院、中央美术学院、中国美术学院、天津美术学院、西安美术学院、广州美术学院、鲁迅美术学院、湖北美术学院、四川美术学院、北京电影学院、山东工艺美术学院、景德镇陶瓷学院。在组稿的过程中，我得到一些艺术院校领导，如山东工艺美术学院院长潘鲁生、景德镇陶瓷学院副院长宁刚等的大力支持。

这套丛书的作者中，既有我国学养丰厚的老一辈专家，如我国工业设计的开拓者和引领者柳冠中，我国设计美学的权威理论家徐恒醇，他们两人早年都曾在德国访学；又有声誉日隆的新秀，如北京电影学院的葛竞，她是一位年轻有为的女性学者。很多艺术院校的领导承担了丛书的写作任务，包括天津美术学院副院长郭振山、中央美术学院城市设计学院院长王中、北京理工大学软件学院院长丁刚毅、西安美术学院院长助理吴昊、山东工艺美术学院数字传媒学院院长顾群业、南京艺术学院工业设计学院院长李亦文、南京工业大学艺术设计学院院长赵慧宁、湖南工业大学包装设计艺术学院院长汪田明、昆明理工大学艺术设计学院院长许佳等。

除此之外，还有一些著名的博士生导师参与了这套丛书的写作，包括上海交通大学的周武忠、清华大学的周浩明、北京师范大学的肖永亮、同济大学的范圣玺、华东师范大学的顾平、上海大学的邹其昌、江西师范大学的卢世主等。作者们按照北京大学出版社制定的统一要求和体例进行写作，实力雄厚的作者队伍保障了这套丛书的学术质量。

2015年11月10日，习近平总书记在中央财经领导小组第十一次会议首提"着力加强供给侧结构性改革"。2016年1月29日，习近平总书记在中央政治局第三十次集体学习时将这项改革形容为"十三五"时期的一个发展战略重点，是"衣领子""牛鼻子"。根据我们的理解，供给侧结构性改革的内容之一，就是使产品更好地满足消费者的需求，在这方面，供给侧结构性改革与设计存在着高度的契合和关联。在供给侧结构性改革的视域下，在大众创业、万众创新的背景中，设计活动和设计教育大有可为。

祝愿这套丛书能够受到读者的欢迎，期待广大读者对这套丛书提出宝贵的意见。

凌继尧

2017年12月

# I 前 言
Introduction

　　商业空间设计是一门多种因素综合交叉的学科，它不仅是艺术与技术的结合，而且还涉及生理学、心理学、行为科学、人体工程学、材料学、声学、光学以及生态学等诸多学科。

　　进入 21 世纪之后，中国的商业中心发展开始进入兴盛时期。各大城市在做政府规划时往往将商业中心作为兴建重点，成立投资项目，积极鼓励开发。至此，商业中心在中国掀起了一个新的浪潮，打开了中国零售业格局的新局面。中国国家标准"零售业态分类"中，商业中心的定义可概括如下：商业中心是一个集合体，包括各类零售业态，企业对其实行有计划的开发、拥有、管理和运营。我们可以这样理解，商业中心不是作为一种零售形式而存在的，它是由零售商店和与之相关的服务设施组成的综合群体。时代的进步促进了科技的发展，人们的生活方式以及购物行为也在不断更新。购物活动不再仅仅是一种单纯的家务劳动，人们开始享受购物的过程，它已经上升为一种娱乐性的消遣活动，甚至是一种精神享受。

　　商业中心在国外也叫 Shopping Mall，集休闲、娱乐、购物于一体。这种超大的购物空间，娱乐设施完善，美食诱惑甚多，对消费者来说，简直如天堂一般。Shopping Mall 作为一个商业场所能够给人们提供吃喝玩乐的一站式服务，特别适合全家总动员一起前往。

　　商业空间设计，广义上指与商业活动有关的空间环境设计，即存在着经营活动的场所空间设计；狭义上可以理解为当前社会商业活动中所需的空间设计，即实现商品交换、满足消费者需求、实现商品流通的空间环境设计。由上可见，狭义的商业空间设计也包含了诸多的内容和设计对象，比如各类商业用途的空间设计——专卖店、博物馆、展览馆、商场步行街、写字楼、宾馆、餐饮空间、美发店等均可包含在内。随着时代的发展，现代意义上的商业空间设计必然呈现多样化、复杂化、科技化、人性化等特征，而商业空间的概念也必然会产生更丰富的外延。

当前我国商业中心的商业活动体现出国际化、多元化的趋势，它和各种文化也产生紧密联系，并推动了经济和文化的共同发展。因此，现代商业活动的本质已不仅仅局限于销售和展示，还应具有科学性、文化性、休闲性及娱乐性等广泛内涵，并向智能型、综合型、网络化的多功能化发展，为顾客与商家的电脑联网购物，以及商家进行跨国的商贸业务运作打下一定的基础。在整体消费环境水平提高的影响下，除了更新产品与加强销售活动之外，应更加重视商业空间的机能与环境塑造，使人们有更加舒适、便利和美观的购物环境。为了满足人们对现代商业环境的要求，设计师在设计思想、设计手法上需不断进步，只有匠心独运，才能做出富有创造性的设计。

在当今的商业环境中，设计师需处理好空间的功能、美观和经济之间的关系。它们之间互相促进、互相制约，是需要不断研究的重要课题。如只有所谓的抽象的视觉之美，没有合理的空间组织是不行的，而在脱离经济基础的条件下去追求物质与精神的享受，也会遇到问题。另外一个需要研究的问题是如何提高商业环境的设计效果。商业环境设计首先要考虑商业环境的功能性和空间特性，其次要考虑消费者的购物心理，可运用展示、装饰设计的各种手段，处理好光、色、形等设计构成因素，创造出能烘托气氛的空间效果。在当今信息化时代，商业竞争方式和手法层出不穷，设计师必须紧跟时代，在设计上反映出销售企业独有的文化特征，以适应不断发展的社会市场需求。

本书从我国商业环境发展的历史大背景入手，即计划经济下到市场经济下的商业环境的变化，着重研究了国人的生活方式和消费心理，以及新观念、新思潮、新文化给商业带来的新生机。本书还从商业环境中顾客的购物心理与潜意识行为等方面，分析研究空间的功能形式、消费形式、情感因素以及美学特征，综合考虑空间和时间，结合形、光、色、材、质等影响商业空间气氛的不同因素，以及商业空间与互动体验设计、商业空间外环境设计等，分析研究各种商业空间环境的创造。

在本书的编写过程中，赵天逸、王敏、于士霞、朱嫣丹、陆悠悠等同学参与了部分章节的写作和插图绘制工作，在此表示感谢。

第一章 | Chapter 1
# 概　述

　　当前，我国的商业环境在社会经济体制的不断改革中，正发生着巨大而深刻的变化，形成了一个开放、多元、多层次、有计划、有竞争的商品市场。商业环境的变化与发展，既影响着人民生活水平的提高，也关系到生产企业的盛衰成败。由于社会分工的日趋专门化，城市人口的大量增加，以及人们生活需求的多方位扩展和消费观念的改变，增强了人们对商品的需求和依赖程度，从而使购物行为成了人们日常生活不可或缺的组成。商业空间环境已成为人们日常活动范围的一部分，随着购物频度提高、在商业中心滞留时间延长，人们不但对商品本身的兴趣增加，而且对购物环境提出了新的要求。

## 一、我国商业空间设计的发展

　　历史上的商业空间也就是百货商店的发展具有一定的社会背景。在建国初期，百货商店主要为零售商店，这时期的商品无论质量还是品种，都停留在满足人们基本温饱的基础上，从而形成了我国计划经济下国营商业网点的单一形式。在种种条件的限制下，此时的百货商店在全国各大城市中不但数量有限，而且各方面的基础也较为薄弱。

　　我国较早建立的大型百货商店有北京王府井百货商店、上海第一百货商店、南京新街口百货商店等。这些百货商店大多占据着城市重要位置，往往设于街道交叉路口以及最易接触人流的地段，成为整个地区的重心。在特定的历史时期，这些大型的百货商店发挥了重要的作用。到了 20 世纪 80 年代末、90 年代初，改革开放的成果极大地推动了我国的经济发展与城市建设，原有的城市道路、公共设施已无法满足当下人们的需要，商业设施的建设与空间环境的改善越来越受到人们的重视。在这种背景下，我国各地陆续建设了一大批具有现代化气息的商业中心。这些商业中心多运用先进的建筑技术和材料，建造起多层的、能容纳大量陈列商品及活动客流的大型商业交易空间，同时还使用电梯、自动扶梯、采暖、通风、照明等现代技术设备，良好的硬件设施为创造一流的购物环境打下了基础。在建筑造型上，它们多采用当今流行的新古典风格、国际风格和折中风格，各个商业企业都力争首先在建筑造型上别具一格。这些建筑的外装饰多和广告宣传相结合，并且配以广告招牌、霓虹灯光，以引人注目。这些商业建筑的建成，推动了我国百货商店的发展，并成为各大城市商业街区的主体之一，对形成城市主要商业中心起到决定性作用。与此同时，各地对具有一定历史价值的商业建筑重新修整和改造，使其在硬件设施及场地环境上更加符合现代商业环境的要求。

近年来，我国的商业设施和环境都有了较大发展，各城市地区的商业中心虽然受性质、规模、建筑条件的影响，但其平面空间的组合形式原则大体相同。第一，商业环境的各组成空间需均能满足各部分的使用要求，功能分区合理，既有紧密联系，又有适当划分；第二，由于商业建筑大多位于城镇中心的繁华地段，用地紧张、用地面积多受限制，而商业建筑又由于经营性质决定了其用地面积需求较大、占用楼层较多的特点，对环境设计提出了较高要求，要满足消费者休闲娱乐的活动空间；第三，商业环境需结构布局合理，如为了能够容纳大量人流的穿梭往来，空间中需柱距较大、层高较高，并且对空调照明、自动扶梯、防火设备以及水平或垂直运输系统均有要求；第四，商业建筑本身在城市中起着良好的"橱窗"作用，反映城市的面貌与生活水平，对市容街景有着较大的影响，故建筑多具个性，能体现建筑艺术的风貌，以其应有的魅力吸引顾客；第五，商业室内环境应使顾客保持轻松愉快，以促进购买欲望，使商业活动顺利进行。

现代商业空间的形式大体有 3 种：大厅式、错层式、回廊式。大厅式营业空间的主要特点是营业厅面积大，容纳顾客多，流线自由、畅通，且营业厅易营造热闹的商业气氛。错层式商业空间，将营业面积较大、层高较高的空间分设成若干个营业面积适中、有错落层次的专营区，各空间相互联系，使商业空间得到充分利用，并且更富变化。回廊式即中庭式，其空间贯通，有共享空间，顶部可采光通风。在各层回廊上，举目环望四周，各营业层空间一目了然，更利于顾客寻找欲购商品和发现感兴趣的场所。

如今的商业中心普遍采用中庭式布局，更加重视为人们创造购物、娱乐、休息的综合空间。人们常在中庭内设置自动扶梯、观光电梯等，并配以水池、喷泉、绿化、休息坐凳以及灯柱、雕塑等，形成良好的购物环境。随着现代社会人们生活节奏的加快和精神负担的加重，人们更加渴望远离工作压力与家庭琐碎事务的休闲空间，因此把逛商业中心作为休闲娱乐的一种方式。由此可见，现代商业的空间环境更应注重人性化、艺术化与生态化设计。

随着经济体制改革的进一步深化，日趋激烈的商业竞争所促成的营销策略发展和社会城市状况的迅速变化，使得当今的商业中心远非昔日的百货商店。现代商业环境在规划布局、建筑外貌、空间组合、经营方式、条件设施及休闲娱乐等功能上均有变化和发展。与此同时，商业体制的结构组成也发生了巨大的变化，一些商铺实行租赁承包，个体经营户数量迅速膨胀。在产销一体化影响下，许多企业也自办商业、经销产品，出现了一些专卖店、专营柜台。商家不仅把专卖店、专营柜台当作销售场所，而且还利用销售空间宣传产品、塑造品牌形象。因而，当今商业市场呈现一派兴旺繁荣的景象，整个商业环境朝着综合性、个性化、人性化的方向发展。

1. 专卖店

专卖店是市场经济条件下产生的一种特有的经营方式，其经营的商品有很强的针对性。专卖店有两种形式：一种是以商品类型组成的专卖店，例如家电商场、女装专卖店、鞋城、珠宝商店等；另一种是以某种品牌商品为销售对象的专卖店，例如 LV 专卖店、金利来专卖店、麦当劳等。这些专卖店在商业活动中能产生很高的经济效益，给顾客有目的地高效选择商品提供了方便。

专卖店的空间环境设计，往往根据商品的共性特点，塑造具有个性特色的空间环境。如图 1-1-1 的专卖店中，无论是独立式的商品展示区，还是位于店堂内的展

图1-1-1　此专卖店室内设计十分简洁，白色的基调统一协调，意在突出商品的精美。

图 1-1-2　此专卖店中利用空间结构和陈列架壁龛展示商品，较为合理地使用了空间和照明，使空间开敞明亮。

图 1-1-3　工艺品专卖店特有的陈列方式。

图 1-1-4　固体香水专卖店入口的设计体现出店内商品的特点。

图 1-1-5　钟表专卖店入口的设计体现出店内商品的特点。

架，都力争突出简洁、现代的设计特点。柜体为统一的长方形构成元素，壁龛内明亮的灯光照射不仅突出了商品，而且增添了空间的层次感，还能突出商品高档精美的特征。更重要的一点是，这种统一的风格设计强化了品牌意识（图 1-1-2—1-1-5）。

### 2. 超级市场

超级市场的经营方式为开架售货，顾客直接在货柜前挑选商品。大型超市多以商品种类多、价格低廉、购物方便等优势吸引着众多消费者，同时在经营方式上不断更新。有的超市由大规模的商业经营转化成灵活方便的小便

图 1-1-6　具有浓郁集市气氛的超级市场。在宽敞的空间环境中，不同商品分类组合成不同的展示销售区，并且各有特点。

利店，深入居民区，形成众多连锁店；有的扩大经营范围向超大规模发展，从经营日常用品、食品、百货、服装、家电等，发展到集食品熟食加工、蔬菜等为一体的菜贸集市。超级市场在销售环境设计上采用简捷的统一形式，功能分区科学合理，视觉感强。为了让顾客驻足停留，在购物路线上进行了科学的规划，一些超市同时还增设了休闲娱乐设施，令整个购物环境轻松愉快。如图 1-1-6 中，为了渲染超级市场的气氛，设计上采用统一色调，空间开敞明亮；新鲜的水果、蔬菜置于货架与农用小推车上，给人一种强烈的视觉感；空间中的鲜花屋也给整个超市带来了生机，刺激了顾客的购买欲。

### 3. 商业中心

我国现代城市建成了不少新型的商业中心，并已完全与国际上通行的现代样式接轨。这与城市的扩大、人口的增加以及人们消费水平的提高直接相关。

商业中心多由一家或几家大中型商场和各类商业空间及配套设施组成，一般集中在一幢或几幢大的建筑中，采用以室内为主的复合建筑空间类型，具有多种功能要求，顾客可在其中享受群集、交往的乐趣，逛、购、娱、食均较为便利。商业中心在设计中需考虑商品流通的特点，充分激发顾客潜在的购买欲，形成高度综合性的大规模商业空间。

在空间处理上，商业中心一般按使用功能划分为外部空间、公共空间、服务空

间 3 个主要部分。外部空间主要是指从都市街道、广场等引导客流进入门厅，使其内外连贯的空间。设计上考虑环境的自然条件、历史文化等因素，注意纪念性标志及传统符号的采撷，创造易识别而又有地方特色的新颖空间形象，组织好与周围环境关系的协调。公共空间主要是指中庭、门厅、连廊等。中庭具有一定的开放性、中心性，多层大厅中可以与不同层面的通廊相联系，形成四通八达的网格，成为商业中心人流集散、水平垂直的交通枢纽，并且还具有类似广场的作用。人们除了在此走动、停留、休息外，还可进行经常性的小型演出、展览及交谊活动。还有一种公共空间是街道型的通廊，方向明确，铺位排列在街道的一侧或两侧。服务空间是

图 1-1-7 意大利米兰商业中心室内广场。

图 1-1-8 巴黎老佛爷百货公司中庭共享空间。

商业中心的主角，担负着营业、陈列商品、商品周转、公共设施服务、贮藏等重任。在空间处理上，应考虑客流量、疏散、导向性等功能，特别是商品空间的展示、陈列布局的设计，设计的效果直接影响商品的销售和顾客的购物心理。平面布置、空间层次、展示陈列、光照、色调、材料等方面的设计应尽量精致、考究、新颖，给顾客创造一个愉快、悦目、宜留、宜购的商业服务场所（图 1-1-7—1-1-8）。

### 4. 商业街

商业街多位于市中心，规划部门经过全面筹划，将旅馆、饭店、停车场、大型百货商场、影剧院、娱乐中心、办公楼、银行、绿化广场等都集中起来，并从建筑整体规划入手，形成全新、功能设施齐全的商业街区建筑群。

商业街具有突出的时代性和现代感，它不仅仅是一个购物方便的场所，且集娱乐、文化活动、街道城市景观为一体，满足各阶层人们游憩、饮食及获取信息等多种目的。

在规划设计商业街时必须考虑多功能场所意义，形成"人·商业·环境"之间的互动作用；在风格上应统一协调，或体现传统，或体现现代步行商业街风貌，例如南京夫子庙商业街与上海南京东路步行商业街。

还应从人们的购物行为、心理以及空间感知等诸多方面加强分析研究，不断丰富与充实商业街的构成内容，完善设计方法和体现环境特征。商业街大部分是步行街，是居民购物与活动的场所，它既要满足个体人的活动需要，同时又要适应群体聚会活动（如人际交往、节日庆典等）的需要。这两者反映步行商业空间的需求、形式和内容上的差异及不同的组合关系。经过设计的步行商业街，不仅要考虑人们基本的心理和生理需求，同时应使各项设计元素给人以最佳的视觉效果与感受。步行商业街要提供与人们的活动相适应的必要场所——一个具有真实标准及价值的公共空间，并以其形态赋予特殊的品质、象征内涵与意义，使其在大的历史背景下具有持久性，能激起人们对特定地域的情感。

商业步行街往往对入口广场与街道设施辅以景观化的设计。从环境心理学角度分析，环境与商业具有互为推动、互相促进的作用，安全、舒适、美观的环境能吸引人们"闲逛"的兴趣，从而带来更多的潜在顾客，提高商店的营业利润。同时，良好的环境需要依靠商业的发展来维护，这种"环境—商业"的互促原则，要求步行商业街的环境设计在方便人们购物的同时，应具有多重功能和社会效益，以便吸引更多的城市居民和观光旅游者（图 1-1-9）。

步行商业街是现代城市商业中心的重要组成部分，体现了现代城市基本职能的重要方面，它是在一定的政治、经济、自然、社会、历史和文化传统等因素的制约下，商品经济日益发展的过程在城市中的反映。它具有功能上的综合性、构成上的系统性、环境空间上的识别性、交通联系上的易达性等明显特征（图 1-1-10—1-1-18）。步行商

图 1-1-9　展现欧洲老城风情
的贝尔格莱德商业步行街。

图 1-1-10　北京前门商业街入
口牌坊。

图 1-1-11　改造后的北京前门商
业街，保留了中国传统元素。

图 1-1-12 杭州南宋御街步行
商业街。

图 1-1-13 杭州南宋御街街
道路边体现汉字文化的景观
小品。

图 1-1-14 杭州南宋御街道路
边的水景观。

图 1-1-15 杭州南宋御街的街
头雕塑。

图 1-1-16 上海新天地商业街
入口景观小品。

图 1-1-17　上海新天地商业街。

图 1-1-18　上海田子坊商业街。

业街的发展是城市在动态演进过程中，各项制约因素综合作用的结果，有必然的内在联系。因此，步行商业街的区位确定与设计，应注意多种因素所起的作用与影响。

## 二、商业空间设计的风格

在历史发展过程中，以往时代创造的传统一部分会随之被淘汰，这些被淘汰的是传统中已经过时的东西。那些具有长久价值的东西，即使它们所依附的形式已不存在,真正价值一时被埋没,也会重新复活,在新的形式中再生。历史会做出筛选,将那些肤浅的东西淘汰。

寻求传统的现代价值应成为我们创作的一个永恒的话题,同样,具有传统特色的现代创作应成为创作的不懈追求。中华几千年的文化源远流长、博大精深,在造型艺术上取得的辉煌成就被世人所公认,建筑艺术与园林设计更是如此,因此,我们既可以从形式的角度,又可以从文化的深度来理解传统。如中国传统建筑中的屋顶、斗拱、柱廊的造型特征与诗文、书画相结合的装修形式,以及各式门窗菱格、装饰纹样的搭配;庭院式布局的空间韵律、自然与建筑互补的环境设计,富有诗情画意、充满人文精神的造园艺术;"天人合一"的自然观和注重环境效应的"风水"思想,"身、心、气"合一的养生观等。这些传统文化中蕴含着丰富的内涵和深邃的哲理。传统对于当代的价值还需要我们在新的建筑空间及形式的创作中去感知,去发掘。

中国传统的室内空间基本上是方正对称的格局,既有隔又有通,而中国传统的审美观念和哲学思想决定了中国古建筑室内空间节奏偏重于含蓄、平缓、深沉、流畅,很少有大起大落。平缓的空间节奏中蕴藏着哲理,而不追求怪奇伟丽的形式。在中国传统建筑的庭院设计中,常以轴线为中心向四周展开构成时空性很强的空间串,形成主要观赏的空间序列,充分考虑到人的运动特点。如同一曲乐章或一篇文章那样,讲究构成的章法,注重时空结构的起、承、转、合,以及首尾、高潮、铺垫、照应、衔接、烘托等整体的有机组织。这种布局,不仅突出了庭院内向空间的表现力,也大大突出了建筑组群内景的时空构成,形成景色多样、层次丰富、逐步展开、步移景异的独特时空效果,创造了极富情趣的空间境界。

中国传统的室内装饰有着独特的风格和极高的水平,历代统治阶级出于生活享受、显示财富和地位的目的,都把室内装修得富丽堂皇,不论是结构构件的雕梁画栋,还是配在门窗上的铺首,或是起分隔空间作用的屏风,无不与建筑的空间布局和建筑构造本身密切结合,成为不能舍弃的有机组合。如中国梁柱上的彩画,既出于空间环境气氛上的需要,又能对木结构起到一定的保护作用。与此同时,彩画构图能紧密结合木构件造型,巧妙地勾画和衬托木构件优美的外形。

随着时代的发展,中国引进了西方建筑的形式、风格和工艺技术,吸收其新的设计理念,形成了中西文化融合、传统与现代交织的面貌。在现代室内设计中,人们逐渐抛弃了传统中富丽堂皇的设计风格，确立了以人为本的空间设计思想，改变了对空间的认识。现代室内设计在研究人体工程学、行为学等基础上，探求符合人体生理、心理需求的环境设计，同时注意经济性与实用性相统一，特别是现代商业空间的变化发展。在传统的商业活动中，商业空间尽管形式较单一，但商业活动却很繁荣，气氛浓烈。社会的发展与进步使人们的生活方式有了很大改变，现代的大型综合商业街、商业中心正是这种发展的产物。不同风格流派的出现和发展，符合现代人们的审美与心理需求。而在现代商业环境中，却有着不同的时代风格和地域特征，因为它们都通过创造性的构思和表现来达到渲染环境气氛的目的。

1. 现代高技派风格

20 世纪现代建筑思潮的兴起，对室内设计也产生了很大的影响。现代商业室内设计运用现代技术、现代材料、现代设备及施工手段作为美学创作基点，这种"机械美学"追求强烈的光亮效果，综合运用铝合金、不锈钢、大理石、花岗岩和玻璃幕墙等反光性能较强的装饰材料，使之光彩夺目，具有强烈的视觉效果。此外，还有体现工业科技发展成就的商业环境设计，如建筑钢结构及设备管道的裸露、自动扶梯以及结构构件的各种组合。现代高技派设计风格力求表现结构美、技术美、材料美，体现高科技性，图 1-2-1—1-2-4 为各种现代高技派设计案例。

图 1-2-1 运用钢管结构表现技术美。

图 1-2-2 运用不同材质表现空间结构美。

图 1-2-3　现代高技派风格的景观小品。

图 1-2-4　运用现代钢结构材质展示皮质商品，体现出一种野性美的高技派手法。

## 2. 自然乡土风格

这种设计风格常运用当地各种自然材料，力求表现天然质感与色彩。此风格因地制宜、就地取材，使室内减少工业痕迹，追求田园生活的宁静气氛，常结合灯光、山石、水景来营造清新的景观。这种追求返璞归真、回归自然的形式，为达到虚极静笃的空间境界提供了具体的途径，使得人们能在自然中寄托丰富的情感，寻找乡野生活的悠闲。图 1-2-5—1-2-8 即为反映自然乡土气息的空间环境设计。

这种形式也许是非理性的，也许是粗鲁的，但在人类追求完全高效率化、机械

图 1-2-5　云南丽江古城自然乡土风格的商业街。

图 1-2-6 欧洲城市街边乡土风格的餐厅。

图 1-2-7 欧洲乡土风格的乡村小店。

图 1-2-8 美国加州自然乡土风格的花店。

化之余，它未尝不别具一番风味。

3. 景观式风格

为迎合人们的购物心理，创造有利于吸引购物者的良好气氛，将商场景观化，使室内外环境沟通，这种将购物环境与景观相结合的设计多表现在中庭及门厅入口。此形式在现代商业中心运用较多，如图1-2-9—1-2-12为商业空间中庭的景观式。

图 1-2-9　美国洛杉矶迪士尼乐园圣诞节景观。

图 1-2-10　美国曼哈顿洛可菲勒中心广场边万圣节景观。

图 1-2-11　美国洛杉矶迪士尼乐园圣诞节景观。

图 1-2-12　美国拉斯维加斯酒店大堂节日景观。

### 4.前卫风格

此风格也属于解构主义形式。前卫风格源于绘画，商业环境大胆借用前卫艺术的表现语言与造型手段，擅长塑造商业空间的另类气氛。其表现方法包括：

（1）利用激烈的视觉冲突和变异的视觉形象。其常使用对比手法，如材料对比，色彩对比，新、旧对比，空间体量对比，点、线、面对比，光线强弱及冷暖对比等；也常将内部空间的一些构件进行穿插、断裂或破损处理；也会对空间的陈设物加以堆积、捆绑或撒落等形式组合；还会通过变幻不定的曲线、斜线等营造扭曲或

图 1-2-13 杭州南宋御街前卫风格的景观建筑 a。

图 1-2-14 杭州南宋御街前卫风格的景观建筑 b。

变形的超现实主义的戏剧性和梦幻性，以及冲突感、神秘感，从而吸引消费者（图 1-2-13—1-2-14）。

（2）运用高科技的材料和设备，暴露材料本身或对管道线路不加掩饰，体现一种直率个性。除此之外，其对光的运用常有独到之处，表现反射、折射及动感的效果；也常通过悬挂或飘浮的物体使空间具有可变性。

（3）使用极简的或观念化的设计手法。如在材料和色彩的运用上力求统一或微差，或者做最大限度的变化；采用极为单纯的几何形体，做规整的排列组合，注重秩序与比例；强调水平或垂直线条，以简洁完美的弧线，追求简单的构图或完整的空间形式。

（4）直接将现代艺术中的绘画、壁画、雕刻等原作或复制品用于室内陈设和装饰。在墙面、柱面、顶棚、地面及织物的图案处理上采用前卫的手法进行界面的划分与装饰，把具有前卫风格的雕塑或现成造型物体运用于空间构架、家具陈设、橱窗布置与展示设计（图 1-2-15—1-2-16）。

图 1-2-15　北京 798 艺术区
文韵时光咖啡吧的前卫风格 a。

图 1-2-16　北京 798 艺术区
文韵时光咖啡吧的前卫风格 b。

### 三、购物心理与购物行为

　　商业空间具备商品销售者（经营者）和商品购买者（顾客）的情报中介机能，彼此形成了互利、信赖的关系。购买者的心理诉求以及销售者相应的对策是商业活动的重要组成部分。购物心理直接影响着消费者的购买行为，包含认识心理、情绪活动以及确定信念的过程，又可分为被吸引—兴趣—联想—欲望—比较—信赖—行动—满足等具体内容。

1. 购物心理

顾客的购物心理倾向往往直接或间接地影响着购买行为，消费者在需求动机的支配下，产生一定的购买欲望，而不同的顾客需求目标、消费标准、购物心理过程有着一定的差异，选择过程也有所区别。

人们认识和决定购买商品时，往往是先有笼统的印象，再进行具体的分析，然后运用已有的知识、经验综合地去联系并加以理解，通过人的感知、记忆和思维去完成综合决策。受消费者生活习惯、社会习俗、性别、爱好及职业等因素的影响，不同的消费者对商品各有偏爱。例如儿童的购物心理中，总是充满着幻想，易被商品的色泽、外表以及趣味性所吸引，产生强烈的购买欲。相比之下，成人的购物心理过程则充满着理性，会凭借对商品的认识、对自身需求的分析去选购商品。影响人们购物心理的主要因素还有以下几点：

（1）品牌

对众多的消费者来说，品牌效应的影响不可忽视。一般来说，消费者对名牌商品比较信任，尤其喜欢追求名牌，这也是名牌自身价值的体现。名牌之所以成为名牌，不仅在于名牌商品在质量、性能和外观上常优于同类产品，也在于加上广告宣传的因素，其渐渐在顾客心目中留下深刻印象，成为追求生活品质、享有社会地位的象征。

（2）美的造型与包装

现代商品不论是电器、服装还是食品等，均要注重视觉效果的美观，视觉美既是形式也是内容，会对顾客产生很大的吸引力。

（3）流行与时尚

追求流行与时尚是诸多现代消费者显著的购物倾向之一，甚至已成为都市人群的一种精神需求。

（4）经济适用

对占消费总人群绝大多数比例的工薪阶层来说，物美价廉是他们购物的第一原则，经济实用的商品总是受到绝大多数消费者的喜爱。

2. 购物行为

人们的购物行为可分为两种。一是主动购买：由于收入增加和生活水平提高，消费者有了一定的购置计划，产生了主动购买欲。二是被动购买：消费者在休闲购物活动中或是在信息、电视广告中发现商品，被吸引并产生一定的兴趣，这是由商品的功能、外观、质量、品牌等方面诱导的。消费者对商品产生使用效率、美观适用等方面的联想，进而加强了购买欲望，再加上与其他同类商品的比较和广告效应，最终对该商品产生信赖并付诸行动进行购买。

为了能更准确地把握顾客的购物心理和购物行为，产品生产商与销售商也要做出相应的对策来推销商品。如可以利用精美、生动的橱窗，陈列展示商品；利用商业广告，把产品介绍给顾客，并且同时宣传企业形象，使消费者对其品牌产生信赖。在商业空间的设计上，应主动创造一个良好的休闲购物环境。优美的环境，最容易激起顾客的兴奋与认同，从而产生消费冲动，加上商品本身对人的吸引，顾客极易发生积极的诱导性购物行为。同时，商家还要提高服务水准与信誉，懂得待客艺术、陈列艺术、包装艺术。还有一个不容忽视的重要方面就是应加强售后服务水平，解除顾客的后顾之忧。

# 商业空间内环境设计

日本建筑师丹下健三这样谈到空间："在现代文明社会中，所谓空间，就是人们交往的场所。因此随着交往的发展，空间也不断地向更高级、有机化方向发展。"弗兰克·劳埃德·赖特在《一座美国建筑》(*An American Architecture*) 中说道："空间与生命同在，空间是生命的一分子。"空间是建筑的主体，人是空间的主角。室内设计是对建筑空间的再创造，影响着人们的物质和文化生活。

## 一、内部空间的构成

现代商业中心是人们进行日常购物的地方，其中消费者、商品、空间场所是三个最基本的构成要素。人是流动的，空间是固定的，它们始终处于一个动态的平衡系统之中。其中任何一个因素的发展变化，都会引起其他二者的倾斜和运动，直到新的关系达到新的平衡。这会改变商业环境的构成形式，使其产生多种多样的类型。

现代商业空间按消费的功能要求，大致分为以下几大区域：(1) 出入口与流线区，(2) 销售区，(3) 展示陈列区，(4) 休闲娱乐与综合服务区。

### 1. 出入口与流线区

现代商业空间多为复合型空间，入口位置是人流汇集的中心或咽喉地带，它起着吞吐客流的作用。其位置的分布、数量的多少和面积的大小均应随着建筑空间的面积大小、人流多少、流线导向等实际情况合理配置，以保证顾客方便地进入商业空间，同时使空间内的顾客又能顺利而均匀地疏散。由于出入口为商业空间主要通道的起止点，是商业中心人流密度最高的区域之一，所以应在出入口附近留有足够的缓冲空间，如图 2-1-1。

位于主出入口的室外广场设计，应考虑到广场的环境功能。大型商业中心的广场应是人流集散、驻留、娱乐、广告宣传等充满魅力的公共活动空间，常伴有小型演出、展览及各种活动。众所周知，即使顾客在空间识别环节对空间有着极好的印象，但如果仅看不入，商业销售空间也就失去了其存在的价值。如何让步履匆匆的过客产生进入空间的欲望，这不仅是简单的空间外观问题，还涉及建筑、人类行为心理等诸多因素。应重视商业环境入口处的橱窗、招牌广告及灯箱的造型设计，它们是整个商业空间环境的重要组成部分。新颖、奇特的入口造型，总是对顾客更有吸引力（图 2-1-2—2-1-7）。

现代商业空间的出入口处，除了造型新颖以外，还应在建筑构造和设施方面考虑保温、隔热、防雨、防尘的需要。应在出入口内侧根据商业环境的规模设计足够宽的通道与过渡空间，尽量开敞，不能太压抑。出入口设计得好坏直接影响人们的心情，可采用借景手法，通

图 2-1-1 日本福冈博多运河城入口流线。

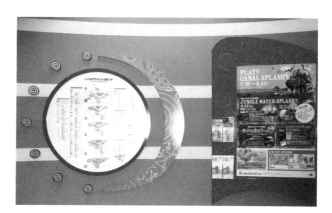

图 2-1-2 日本福冈博多运河城入口指示导引。

图 2-1-3 澳门威尼斯人酒店入口指示导引。

图 2-1-4　深圳"欢乐海岸"
入口指示。

图 2-1-5　美国好莱坞环球
影城商业区互动表演台。

图 2-1-6　商业店面入口处
设计重点突出。

过透明隔断将街道景观纳
入室内景域，使间接借来
的景象重叠映射，丰富空
间层次感，也使消费者出
入此处时对内外环境的差
异不至于感觉太突然。

出入口空间从审美角
度来谈，应追求"空"，
与密集的销售区相比要
"疏""透"，从而使整体
的商业空间布局有疏、有
密、有聚、有散，相互穿
插渗透。例如有的商业空
间在出入口处，设计几层
高的共享空间，气势宏伟
又便于疏通人流。开阔的
环境，为商业空间的气氛
渲染创造了有利的条件
（图 2-1-8）。

商业空间的流线组
织应结合其内部布局来设
计，使各区域均匀分布、
流线通畅，导向性明确。
流线组织作为连接空间中
各功能单元的纽带，决定
了主体对功能空间的使用
次序，合理的规划、布局
可使空间格局更好地满足
人的需求。

图 2-1-7　厦门鼓浪屿商业步行街中某店面入口处，商业气氛浓烈。

图 2-1-8　上海新世界大丸百货中庭出入口空间。

图 2-1-9  上海新世界大丸百货商业空间中柱体结合流线的设计。

图 2-1-10  上海新世界大丸百货商业空间中的流线设计。

商业流线对消费者的引导功能需要在满足消费者显性需求的同时，也能把剩余的隐性需求转化为显性需求，满足这种需求的潜在性与不确定性。商业流线应尽可能多地让消费者接触商业空间的各个角落，使消费者尽可能多地与商品相接触，并通过对流线的合理布置和趣味性设置来延长消费者的逗留时间，从而激发消费者更多的潜在性需求，这是商业空间流线设计的基本出发点。

另外，可利用流线的设计去调整空间，使空间的吊顶与地面的流线组织统一协调（图 2-1-9—2-1-12）。

（1）流线与空间认知

空间认知是人对环境信息的一种感知，而流线作为主体认知的主要媒介，所引导的认知又分为方向认知和格局认知两个层次。

图 2-1-11 上海新世界大丸百货商业空间中的流线重点设计。

图 2-1-12 上海新世界大丸百货商业空间中的流线设计。

①帮助进行方向认知：一个良好的商业空间认知环境对流线的基本要求，就是消费者能在该空间内轻松地辨别自己的所在位置和前进方向，并能根据自己当时的所在地选择通往目的地最为合适的路径。通常情况下，如果消费者在行动过程中总

是遇到连续不断的转弯或是岔路口，以至于很难找到目的地，这种认知环境会严重影响消费者的购物热情。因此，商业空间的流线最基本的作用就是给消费者一个清晰的引导，帮助他们确认自己所在的位置，并且能方便快捷地到达目的地。

②帮助进行格局认知：消费者的行为通常都具有强烈的目的和取向性，他们会在体验过后，对环境信息进行加工与理解，并结合自己的知觉、记忆和偏好，在头脑中形成商业空间的基本格局与大致面貌。简单地说，就是消费者能够通过大脑对环境格局的认知来规划出自己的行动路线，并到达目的地。对流线引导性的深层需求就是清晰的格局认知，这要求流线系统清晰、整体、协调。整体性是流线引导功能的深层需求，如果对流线的设计过于局部化而失去整体性，便会影响消费者对商业空间整体格局的把握，影响购物过程的规划与进行。

（2）流线的引导功能

商业空间的流线设计，主要关注消费群体的流动行为，即人为了达到消费目的所进行的一系列活动。消费群体的流动行为决定流线形态。

①目的性流动行为：目的性流动行为主要指行为主体在商业空间内有目标地定向移动，比如停车、目的明确的购物和就餐等。这类消费者在行动之前通常已有了明确的目标，他们希望以最方便快捷的方式达到目的，并在达成目的后以最快的方式离开。因此他们在行动过程中会注意力高度集中，通过标识系统的帮助绕过障碍物并选择最佳途径，直奔目的地。此行为过程对应的流线形态相对简单且受外界影响较小，通常由起点与终点两点构成，表现为直线型、环型或 L 型，这也是流线设计最基础的形式。这类行为对流线的最大要求是便捷与可达，同时要避免形成拥堵的人群。

②自由性流动行为：自由性流动是指消费者在商业空间随意地闲逛和没有明确目标地流动。这类消费者在人群中所占的比重很大，其特征通常是脚步缓慢，视线四处游走，行走路线和方向容易受到环境的影响而变化，人流的方向和密度等外界因素也会影响他们的动线。与目的性流动不同，自由性流动行为的形态并不确定，对动线的要求是体现体验性与参与性，需要空间中有足够多的吸引点来引导消费者的行为，并激发出购买欲望。

伴随着体验式消费时代的来临，人们的消费观念与消费行为都发生了很大的转变，越来越多的人把在商业空间的消费过程当作一种享受和放松的方式。所以我们在做流线设计时，应根据时代变化的特点，在便捷可达性与选择多样性之间寻求一个平衡点，并尽量设计尽可能多的吸引点来满足消费者的需求，真正做到环境与行为的相互协调与统一。

总之，流线设计应遵循导向清晰、意象可读与主题鲜明的原则。设计出一个好的流线系统，对整个商业空间的运作是至关重要的。合理的流线不仅能给顾客提供良好的购物体验，还能增加商家销售额从而获得更高的效益。

2. 销售区

销售区分为商品陈列区和服务区。根据具体的营业性质、规模等，我们可把空间分为大众休闲百货、品牌区、精品屋、连锁店、超市等。

（1）销售形式

① 开架式：商业空间中，所有货柜、展台、展架都采用让顾客随意挑选的开架经营方式。商品分类摆放，留出宽敞的交通线路和空间供顾客走动、挑选，最大限度地增加顾客与商品接触的机会。设置明显的购物导向来引导顾客行进，同时要有充足的光照和适量的储藏面积，以及方便顾客的收款台、打包台，从而创造富有人情味的购物环境。

② 闭架式：这种形式在我国的商业空间中正逐渐减少，并非销售主流。但一些特殊商品的闭架销售还存在，如金银首饰、手表、珠宝、化妆品等，这些商品较贵重或易破碎。对这类商品的陈设，货柜展示设计应注意通透，使观看角度尽量全面、光线充足，便于顾客看清细部。

③ 综合式：开架与闭架经营方式结合，目的是便于管理的同时方便顾客。例如化妆品柜台多用闭架形式，但有些化妆品（如口红）须开架放上样品，方便顾客选择色彩。

④ 仓储式：这是近些年出现的销售形式，此空间环境布置较为简易，基本不做装饰或只做简单的装饰设计。例如宜家家居，亦仓亦店。还有一些位于交通便利的路边的大型超市，如麦德隆超市。

（2）陈设形式

商品陈列结合流线进行分区布置，柜台的陈列方式则结合商品特性，组织成不同的形式。例如柜台围合成圆形、方形、长方形、梯形、三角形等。柜台布置可运用下列手法：

① 直线型：将每节柜台按照营业厅内的梁柱布置，若干个横竖垂直摆布的柜台形成一组基本单元，每个单元也基本为横竖整齐摆放，在商场大厅的某个区域形成类似于棋盘式的方正格局，通道互相垂直交叉。这种格局的优点是摆放整齐、容量大、方向感强，各通道的交叉与出入口之间的关系较易处理；缺点是呆板、缺少变化。

② 斜线型：将商品陈列柜架与建筑梁柱呈一定角度斜放，形成一个个三角形或菱形的基本单元，单元之间的通道往往是斜的，但主通道应尽量保持与柱网的垂直或水平，以便于人们适应空间形式和方便出入口连接。这种布置的优点是整体有较强的韵律感，灵活多变；缺点是容量相对较小，三角形空间需要特殊处理。但设计成三角形的陈设形式，有一定的独特性而易吸引消费者。

③ 弧线型：流线及货柜排列成曲线，在方形柱网中或围绕方柱，营造出一个或多个圆弧形的陈列单元。弧形布置带来的美感可以在空间中营造出优雅的气氛，自然的曲线美让人感觉舒适自然；缺点是弧线占用空间面积较大。

以上三种陈设形式也可交错布置，而不是单独出现。例如灵活运用直线与斜线组合、直线与弧线组合等，创造出活跃、多变的空间形式。

销售空间的布置陈列，应利于顾客选购，便于营业员操作，充分发挥设备使用效能和提高营业面积使用率。商品的陈列和摆放要讲究，不能零乱。分区陈设的商品或均匀排列，或主次分明，让顾客在有序、平和的视觉心理下购物。因不同的商品置放空间与要求不同，一些商品需配备适宜的灯光、道具。例如服装与珠宝的商品性质不同，展示的形式要求不同，空间环境气氛的塑造也应不同。珠宝属于贵重商品，为了安全和体现其价值，须置于特制的封闭透明陈列柜或壁龛中，再配置暖光源照明突出其闪亮的质地；展示空间应较开敞，表现出庄重而华丽的环境气氛（图 2-1-13）。

与珠宝相比较，服装体积相对较大且款式多样、造型各异，有春、夏、秋、冬装，男装、女装、童装等不同分类，不同质地的服装更是不胜枚举。相比之下，服装展示手段也是各种各样。一些专卖店的设计更是各具风格，希望在整个服装销售空间中，引人注目且表现出自己的个性特色。从品牌展示设计、门面设计到整体环境的造型、色彩、灯光、绿化等的综合设计，都应使顾客体验到一种别致的美，也为商业空间的气氛塑造提供了五彩缤纷的素材（图 2-1-14—2-1-16）。

图 2-1-13　上海新世界大丸百货
珠宝销售区。

图 2-1-14　日本福冈博多运河城
某品牌服装销售区 a。

图 2-1-15　日本福冈博多运河城
某品牌服装销售区 b。

图 2-1-16　上海新世界大丸
百货某品牌服装销售区。

　　商品作为商业空间的构成要素，本身的特性各有区别，在空间设计中应注意体现其个性。一些商品小而精细，一些商品鲜艳夺目，还有的商品需要试听、试看、试用、试穿，应根据其具体特性配置相应的陈列柜、展示空间。另外，应结合商品交易频率的高低，以及季节变化和业务的忙闲规律，合理设置商品的销售部位，使顾客进入商场后能比较均匀地分布于各营业空间，发挥空间使用效率。要重视营业空间气氛的体现，将展示效果较好、便于展示的商品置放于空间重点区域或顾客视线集中的地方。例如现代新颖、色彩丰富的化妆品柜台多设在入口处，易激活人的情绪、吸引顾客，给顾客一种琳琅满目、富丽堂皇之感（图 2-1-17—2-1-19）。

图 2-1-17　上海新世界大丸
百货销售区 a。

图 2-1-18　上海新世界大丸百货销售区 b。

图 2-1-19　美国夏威夷免税店化妆品销售区。

3. 展示、陈列区

　　展示与陈列是科学与艺术的结合，要完美合理地体现商品内容，显示出不同的风格。在这一过程中，应时刻将实用与美相结合。实用既针对物质，又针对精神，忽视任何一个方面都不是好的展示设计；而艺术的美感，只有当它充分满足实用时才发生效果。也就是说，只有商品展示的实用和艺术互相适宜，才是好的商品展示、陈列。商品直接进行陈列展示，往往要比贮藏或半贮藏形式更直观、更直接，它有神、有形、有色，能更真实地把相关信息告诉人们（图 2-1-20—2-1-24）。

图 2-1-20　澳门威尼斯人酒店商业空间
陈列展示。

图 2-1-21　上海新世界大丸百货特色
陈列展示。

图 2-1-22　上海新世界大丸百货具有
整体组合特点的陈列展示 a。

图 2-1-23　上海新世界大丸
百货具有整体组合特点的陈列
展示 b。

图 2-1-24　深圳"欢乐海岸"
通过重点陈设突出商品。

图 2-1-25 深圳 "欢乐海岸" 通过线面对比表现空间艺术氛围。

图 2-1-26 深圳 "欢乐海岸" 通过陈设小品表现空间个性。

商品展示、陈列应遵守的原则：

（1）广告性：商品展示是为了宣传商品，使广大消费者了解商品的价值、规格、特点和使用方法等，通过这一自我介绍吸引顾客、引导消费。

（2）思想性：各种商品的特点、内容各不相同，展示时应体现其多种多样的主题，对商品进行认真分析。思想性对商品展示设计起指导、决定作用。

（3）真实性：商品的展示、陈列应讲求客观、实事求是，要把商品的真实面貌、特性表现出来，不能为了追求销量、艺术刺激而采用不正当的手段，或用虚假广告欺骗顾客，造成误导。

（4）艺术性：由于不同的内容主题，对展示风格也应有不同的要求。形式应积极、正确，主动反映主题内容。以美的法则，运用绘画、摄影、色彩、照明等手段，给人以美的享受，渲染商业空间的活跃气氛（图 2-1-25—2-1-29）。

图 2-1-27　深圳"欢乐海岸"
通过空间围合突出主题空间。

图 2-1-28　商业空间中具有
广告作用的展示小品。

图 2-1-29　克罗地亚扎达尔
古城步行街的陈列展示。

陈列、展示设计应遵循统一设计为主、特殊设计为辅的原则，达到既统一又变化的艺术效果，突出重点，层次分明。在艺术技巧的处理上，平面、空间配合应合理，要具有一定的感染力，表达方式也要富有新意（图 2-1-30—2-1-31）。

图 2-1-30　澳门威尼斯人酒店中的陈列展示。

图 2-1-31　杭州南宋御街商店具有构成特点的陈列展示。

　　商品的展示与陈列还可以使用展示柜、展示架等杂器，通过光与色彩的相互配合、相互作用烘托商业空间的艺术气氛，从而感染顾客，提高商品展示的表现力（图 2-1-32—2-1-34）。

图 2-1-32　上海新天地步行街橱窗陈列展示 a。

图 2-1-33　上海新天地步行街
橱窗陈列展示 b。

图 2-1-34　欧洲老城贝尔格莱德
商业步行街橱窗陈列展示。

　　在陈设商品时，相应的文字或图片注释是必不可少的。每一件商品的性能、规格、尺寸等可通过简明扼要的图例或文字来作介绍。这些平面的展示也需要精心构思，如在展示的位置、高度上应便于顾客观看，可借助特定的支架来放置。这类介绍从内容和形式上都应该与展品的陈设连为一体，让顾客一目了然。

　　4. 休闲娱乐与综合服务区

　　现代商业中心不仅是购物场所，也是集娱乐、文化活动、表演、广告、城市景观等为一体，用来满足各类人群游憩、饮食、休闲、娱乐及获取信息等多种目的，并提供各种服务的场所（图 2-1-35—2-1-36）。

图 2-1-35　美国拉斯维加斯威尼斯人酒店公共休闲娱乐空间 a。

图 2-1-36　美国拉斯维加斯威尼斯人酒店公共休闲娱乐空间 b。

在节假日，消费者购物之余的娱乐与餐饮活动，既满足了顾客的休闲心理，也为商家提供了商机，活跃了商业环境的气氛。例如：一个三口之家在紧张的工作、学习之余，周末一起来到商业中心，大人购物，孩子则可游戏。相应的文化活动也可给他们带来更多的欢乐。

休闲娱乐设施与综合服务区为商业空间增添了魅力。为了满足不同消费者的需求，商业中心在各种功能和细节的设计上花费了巨大的心思。

（1）中庭空间气氛的创造

大型商业中心或复合型商业空间内部的中庭，打破了传统建筑将内部空间严格划分的观念。通过公共空间的处理手法，其创造出不同的空间主题与鲜明的个性风格，并为公共空间提供宽阔的通廊。它往往被布置成敞开的中心式，高耸的多层大厅共享一个中庭，中庭与不同层面的通廊相联系，形成内部四通八达的网络，成为人流集散和水平垂直交通的枢纽，给人难以忘怀的视觉第一印象。

一些中庭会布置休息座椅，它不仅成为公共空间中的半私密空间，供顾客停留、休息，也以其鲜艳夺目的造型与色彩点缀着中庭。此外，绿化、喷泉、雕塑、悬挂物等装饰物与宽敞、宏伟的高大空间形成对比。通过透明观光电梯、自动扶梯以及各种造型的楼梯（如圆形、螺旋形、悬挑式等），人们在垂直运动中，赋予中庭以动感与节奏感（图 2-1-37-2-1-38）。

中庭空间气氛的创造常通过以下几点实现：

① 统一与多样：中庭空间的形式是多种多样的，空间中的元素，如结构、材料、光线、绿化、景观、色彩等，都是为了衬托空间，不能过分强调。突出其中任何一种，都会使空间产生不协调效果；而过于统一会使空间平淡，令人厌烦。人们需要同时兼顾统一与多样。同时，应充分利用不同的手段来突出空间个性，创造独具魅力的商业空间中庭气氛（图 2-1-39）。

② 运动式：人们在建筑物中走动时，从一个空间到另一个空间序列，不同的空间结构、大小变化都产生一种有节奏感的动势。观景电梯也是中庭中的动感因素，人在电梯里一览中庭景观。玻璃顶自然采光，其光线的移动

图 2-1-37　日本福冈博多运河城
中庭的休息座椅。

图 2-1-38　阿联酋阿布扎比酒店
中庭休闲空间。

图 2-1-39　法国巴黎老佛爷百货
公司中庭空间气氛十分和谐。

在中庭的光影变化，也具有动感。动还可产生一定的观赏趣味。悬挂物和水景都具有动势，动势可以对人产生很大的吸引力。动态美为中庭空间创造了非同一般的气氛（图 2-1-40—2-1-41）。

图 2-1-40　商业空间中通过悬挂物体营造光影动感氛围。

图 2-1-41　澳门威尼斯人酒店中的商业公共空间使用了船与水的陈设创意联想。

（2）光线、色彩与材料

现代混凝土建筑较生硬，可利用光线、色彩和材料，使建筑空间产生温暖、亲切的感觉。在一个空间中，光线能改变整个环境的性格。冷光源、暖光源与自然光对环境气氛的衬托，能表现出不同的效果。照明的形式多种多样，既可以突出空间的结构美，又可以创造不同的空间气氛，给空间带来丰富效果。

五颜六色的编织物，大块彩色图案、不同店面的背景色等，都可以使空间具有多种效果及突出重点场所。与此同时，一个空间要成为一个整体，达到最理想的形式，还可运用较为统一的材料。

材料构成空间，而光显示空间，色彩活跃空间，但它们都从属于空间，因此应发挥它们的特性创造空间气氛（图 2-1-42—2-1-43）。

图 2-1-42　随着光影变化带来的动感气氛。

图 2-1-43　玻璃顶棚设计中自然阳光移动的动感空间。

（3）自然与绿化

室内与室外的自然气息区别就在于生硬与笔直的线条。在自然中没有直线，只有到了文明时代，才产生了方形、矩形与直线。人们的才智与直线有关系，但感情却与大自然的曲线形式相联。两种形式都要充分满足人类的需要。在商业中心的中庭中，采用曲线与直线并举的形式，能同时满足人们理性和感性的要求，使人更加放松、自如。

大自然具有一种内在的和谐感，深受人们欢迎。当人们置身于森林，坐在奔流的小溪旁，远眺湖海时，会感到自由和宁静。人们对园地、花卉、流水、喷泉、瀑布有自然的好感，这些是大自然的一部分，也是人类自身的一部分。枝叶扶疏、满目葱绿、清幽柔和会使人心旷神怡，心情开朗，顿觉空气清新，将植物与空间相结合，能增添室内清新宁静的气息，流露出闹中取静的纯朴幽雅气质，增强商业空间的形式感（图 2-1-44）。在商业空间中创造、划定区域，提供一片幽静的场所，会给人留下回归自然之感。

中庭吊顶可通过空间网架或桁架等，覆盖透明的高强玻璃，变成厅堂与外界、人与自然相联系的主要窗口。通过它人们沐浴阳光，感受蓝天与白云，产生自然情趣，极大地丰富了空间的表现力。这种自然光也使厅堂光彩夺目，五彩缤纷。

图 2-1-44 日本福冈博多运河城的自然景观。

## 二、商业空间中的柱体

柱体作为梁柱结构的主要构件，自古以来有"屋之主"之称。在建筑空间中，柱体既有构造作用，又有特殊的视觉审美地位，不论在东方还是西方，许多重要的古典建筑都以柱廊作为其主要立面。柱式的发展贯穿整个建筑史，如埃及石柱、非洲图腾柱、中国木柱、欧洲古典柱式和现代钢柱等。柱体的多样化发展趋势影响着当今的室内设计，特别是商业空间中柱体的运用。本节将主要探讨柱体在商业空间中的功能与装饰设计，并涉及柱体的材料运用。

柱体作为室内空间重要的装饰部件之一，它的装饰形式表现出极大的丰富性，不同的柱体设计可以塑造不同的功能、风格和不同的空间氛围。

1. 柱体在商业空间中的功能

柱体可以用砖石、钢或钢筋混凝土制成，露明或不露明均可。在建筑中，柱子起支承建筑的作用，所以不管在大型商业中心，还是专卖店或店中店，都不可避免地会出现柱子的构筑形态，却又无法拆除而时常成为设计上的难题。如何合理利用柱体并结合柱体形成良好的商业空间，都是重要的研究课题。柱体在大型商场中虽可以被货架和柜台包围，但对于孤立于空间的柱子，对其整体形象的塑造，应根据不同的位置、不同的环境和不同的形式来进行。

（1）柱体在空间表现中的功能

按照功能进行设计的原则是现代建筑学语言的普遍原则。在所有其他的原则中，它起着提纲挈领的作用。功能与形式是辩证统一的关系，结构是柱子在建筑中的原始功能，但在室内设计中它的存在影响了室内功能的划分，也就是说它在室内设计中又被赋予了新的功能。空间的划分包括水平和垂直两个方向，水平方向包括覆盖、肌理变化、凹、凸、架起等方式；垂直方向包括围、设立等方式。

柱子属于垂直承重构件，可以作为垂直划分空间的要素。柱体在商业空间中，具体有以下功能：

① 商品展示。在商业空间中，可以充分利用柱体，创造商品展示平台（图 2-2-1—2-2-2）。在商业空间的陈列展示设计中，充分利用柱子与展台、展柜的结合，使空间形成新的视觉中心，烘托商业气氛。柱体的商品构架展示作用，既显示了柱体结构本身的美感，同时也合理利用了空间。

图 2-2-1　用柱体结合陈列架的形式陈列展示商品。

图 2-2-2　运用柱体壁面围合的形式陈列展示商品。

　　② 广告宣传。在商业空间中需要一些广告来为顾客提供丰富的商品信息，可以利用柱体的空间排列特点，将这些商品信息以广告招贴的形式附加到柱体上，使柱体成为一个传媒载体，达到广告宣传的效应（图 2-2-3）。

　　柱体装饰设计与广告的搭配要借助于视觉感官效果，通过刺激消费者的第一视觉感受，使消费者产生深刻的印象，人们在欣赏柱体装饰的同时，也就不自觉地接受了广告所宣传的信息和商品。

③空间分隔。形成空间场所的关键因素是一定的空间分隔，不同形态的空间界面可以分隔出不同的空间，使人产生不同的心理感受和空间感受。空间的分隔大致可分为以下几种形式：以实体围合，完全阻断视线；以虚体分隔，既对空间场所起分隔与围合作用，同时又可保持较好的视域；利用人固有的心理因素来分隔空间场所。

如图 2-2-4 是用柱体的结构关系分隔空间。可以说，分隔的方式可以决定各空间之间联系的程度，分隔的方法则在满足不同分隔要求的基础上，创造出美感、情趣和意境。再如以列柱分隔，如图 2-2-5 中，可使空间具有很大程度的视觉和空间

图 2-2-3　以柱体为中心进行广告宣传和展示作用。

图 2-2-4　利用柱体的关系分割、围合形成虚拟空间。

图 2-2-5　以列柱体的排列形式分割空间。

图 2-2-6　以柱体的向心作用聚焦空间。

的连续性。

　　柱子作为分隔空间的要素，能使划分出的空间具有一定的区域感，又使空间之间具有流动感，彼此之间相互渗透，同时也加大了空间中的层次感。此外，柱体还可以结合墙面、隔断等对空间进行分隔。

　　④向心作用。柱体在商业空间中起到向心作用时，由于视线的聚焦规律，柱体或者柱体形成的圆形柱列一般会成为空间中的视觉中心，引人注目，尤其是圆形柱体的向心性较强，如图 2-2-6，圆柱体形的装饰成为视觉中心。

　　⑤导向作用。商业空间设计中，有时需要采用某些具有引导或暗示性质的标识来对人流加以引导，便于人们到达某些比较重要的空间。在设计中，为了加强空间的区域效果，可以在垂直划分中加入水平划

分的手法，加强空间
限定的完整性。如图
2-2-7，以柱体作为空
间的引导，利用柱体
的形式和韵律感形成
导向作用。

图 2-2-7　柱体的导向作用。

　　总之，柱子的装
饰形态是室内空间整
体设计的一部分，不
能与空间整体脱离开
来。所以，要进行柱
体装饰形态设计，必
须先进行空间的分析和规划。室内空间的功能决定了空间中各区域的分布和流线的
划分，也就是说决定了空间将以何种形式展现给人们，以及每一区域在设计中的重
点程度。

　　（2）柱体的空间组织关系

　　在商业空间中，对柱体进行设计时首先要进行空间规划，不能孤立地单独进行
设计，而要全力经营柱体在空间中的整体关系，使柱体发挥在空间整体组织中的积
极作用。对柱体本身的设计也要从整体出发，从大处入手：首先，要根据室内空间
的大小、高低，来确定柱体的高宽比例和尺度；其次，柱体的整体造型结构也要根
据空间特点加以处理，考虑其划分形式、方向、线条等。

　　柱体的装饰形态中，"形态"一词意为"形象和神态"，即不光指可视的外在表
象，还包含气韵、情态等需要意会的内在意义。柱体所表现的气韵和情态是构成空
间气氛的重要组成部分，是对空间场所精神的体现。将不同柱子的装饰形态设计置
于空间形态中进行分析研究，是十分必要的。

　　室内空间中柱子的分布有单根的，有双根的，有对称的，也有不对称的，有成
序列的，也有不成序列的，它们为空间带来不同的视觉感受。加之各种柱子所在的
位置不同，各种视觉关系更是千差万别。为此，下面笔者将从优化室内空间形态的
角度，分别论述各类柱子的装饰形态设计原则和方法。

① 单根柱体的装饰形态与空间关系。单根柱子在商业空间的室内设计中，既有向外扩张的张力，又有向内收缩的凝聚力，十分容易引起人们的注意，并成为商业空间的视觉焦点。

依附于墙面的单根柱子与墙面之间的关系最为紧密，设计中可以将它们和墙面进行统一的装饰处理，从而弱化柱体的设计，也可以加假柱造型做对称处理来加强视觉观感。

对于独立于空间中的单根柱子来说，所处空间形态是影响其装饰形态的主要因素之一。如果是规则的空间，如方形、圆形、正多边形等，存在明确的空间中心点，这些图形本身就给人带来平衡、稳定、和谐的感受。柱子在这些室内空间中空间的中心，使得这种空间气氛更加突出，较易产生以柱子为中心的强烈的向心性。此时柱子作为空间中的视觉中心，它的装饰形态设计直接影响或控制着整个空间的风格和气氛，甚至影响到对材料和色彩的选择（图 2-2-8）。

② 双柱与多柱的空间组织设计。在商业空间中，双柱的视觉张力存在于两根柱子之间形成的虚拟的面，同时随之产生了一个垂直于这个面的轴线。轴线的加强使柱子具有对称性，而对称布局有着宁静、稳定、庄重的静态感觉。

两根柱子间的虚拟面对空间进行分隔。可根据现实要求对两根柱子间的轴线和虚拟面进行加强或减弱，形成适应商业空间的各种格局，可根据需要和空间特征对柱子进行装饰。

图 2-2-8 单根柱子的装饰形态形成视觉中心。

多根柱子一般存在于较大的空间中。随着空间的扩大，柱子的数目也要增多，这样空间的分隔感会更加强烈。

环绕式围合的柱列中，柱子具有向心的围合空间感。前文已介绍过，方形的柱体方向性较强，圆形的柱体向心性较强，可根据空间的需要选择不同的柱体平面。柱列围合出的子空间增加整体空间的层次和装饰性。柱体的统一设计，与空间其余界面形成造型、色彩和材质上的对比，进一步强调了柱体自身的围合感。

直线式柱列排列的空间，其张力形成一个虚拟的面，形成一种分割感，使人感受到它对空间的划分。被划分的空间既相互分隔又相互渗透。柱列既有助于强调空间形式的完整统一，又能增加空间的层次变化。柱列通常采用统一的装饰手法，用以加强整体性和增强隔断效果，成为空间中的限定元素（图 2-2-9—2-2-10）。

图 2-2-9　通过柱体的商业陈列构架作用和排列进行空间组织。

图 2-2-10　柱体的空间组织。

柱子形成柱网，除了能体现自身结构的美感外，排列有序的一排排柱体也加强了空间的容积，在空间领域中划分出模数化的区域，同时生成了能够度量空间的韵律和尺度，从而使空间的量度易于理解。

在商业空间的室内设计中，由于建筑和结构的原因，柱体的装饰与布置会给人带来视觉和心理的双重美感。因此，改善室内空间中柱体的数量、大小、形状等，能设计出更符合功能需求的商业空间环境。

2. 柱体在商业空间中的装饰设计

传统柱体的装饰，主要有彩画、雕镂等方式，其中，彩画由于其快捷、方便、表现力强等特点，成为目前最广泛使用的装饰手段。除此之外，尚有用金玉、珠翠、锦绣、琉璃等，甚至有用镜子、螺钿等材料装饰柱子的做法，对柱体彩画的装饰纹样和构成方法产生很大的影响。

装饰在建筑的构造和形式中，可以起到调整比例、协调局部与整体关系的作用。无论是古典建筑还是现代建筑，都离不开装饰，人们利用线脚和装饰性的构件等来调整和协调建筑的视觉效果，并通过这些装饰，对材料和形式的转换起到过渡的作用。建筑柱体的装饰有两个重要作用：在平面上，它是室内界面装饰的重要组成部分；在空间上，它又有划分空间和组织交通流线的作用。

(1) 柱体装饰的审美文化

室内空间环境，一方面要满足人们一定的功能使用要求，另一方面还要满足人们的精神感受需求。

室内设计是一种综合性的创造活动，人们按照美的形式进行创造，同样也必须按照美的规律来进行设计。尤其是随着人类文化素养的提高，审美的需求就会渗透到各个领域和角落。室内设计的造型便成为不容忽视的要素了。在现代室内设计中，应当把增强精神品质放在发挥灵性、提高生命力的高度，这是室内设计的最高目的。要以物质建设为用、精神建设为本，力争在有限的物质条件下，创造出无穷的精神价值。

西方艺术史中，一般把建筑视为造型艺术，也就是把建筑艺术视为雕刻、绘画艺术的同类。建筑虽然讲究形体的创造，但不直接体现某种具体的社会内容，它的内容往往宽泛、朦胧、不确定，更侧重于形式美的创造，表现的是形式情感，内容凝固在形式上。所以，建筑艺术本质上是一种表现性艺术。建筑艺术所表现的时代精神和审美理想往往具有抽象性和间接性。

文化指人类社会历史实践过程中所创造的物质财富和精神财富的总和。它的内容极其广泛，表达方式也多种多样。建筑是时代文化的容器，以特有的形式反映着时代精神。一座古建筑所具有的文化艺术信息涉及社会及地方文化、艺术审美、哲学意境、建筑设计思想及美学观念等方面，而丰富多样的建筑装饰是古代建筑中重要的艺术文化载体。

例如，中式室内风格设计涉及中国传统文化，当然离不开文化所依附的外在形式。室内设计的中式风格中，外在形式指的是体现传统哲学思想与观念价值的器物、材料、图案等，还包括传统建筑形式、家具装饰、字画匾额等，追求一种修身养性的生活境界。

图 2-2-11 藏式建筑的柱体与吊顶装饰表现出藏式传统文化的兴盛。

例如，西藏寺庙的精美装饰柱式，是藏式寺院建筑装饰艺术的精华所在，形成独有的民族特色和美学规律。如图 2-2-11—2-2-12，每根柱式和木雕都有自己的特点，使全殿显得富丽多姿，体现了藏族

图 2-2-12 藏式装饰柱体寓意藏文化的精髓。

宗教的深刻文化寓意和秩序性。

　　建筑与文化、伦理、宗教等社会因素紧密相联。西方名言云，"建筑是石头的历史"；罗杰·斯各拉顿也认为，建筑是"政治性最强的艺术形式"。这些都反映出建筑与社会的紧密关系。而建筑室内空间设计的重点和精髓，也在于空间的合理利用与内在文化内涵的完美诠释。

　　综上所述，文化是人类的一种生活方式，商业空间室内设计的目的就是要围绕商业空间的主题文化，因地制宜，从人文环境、历史文化、风土人情以及建筑本身的空间结构特点和功能要求等，做多方面的设计处理，或活泼多彩，或渐入佳境，或无限怀古，或拥抱未来等，使商业空间的室内设计彰显文化气息。

　　(2) 柱体的造型

　　空间的造型设计在很大程度上决定着室内空间的性格，不同的造型具有不同的空间性格。柱体的装饰造型以美的形式刺激人的感官，满足人的审美需求，陶冶和发展人们对造型的想象能力。

　　① 圆柱与方柱。在建筑结构的设计中，柱子的基本形态主要分为圆柱和方柱，并具有各自的结构作用。

　　圆柱与方柱是以柱子的剖面形状来区分的最基本的两种柱体形态。由于不同的剖面特性，它们有着不同的形态特征。圆柱可从圆的中心点引出无数条轴线，因为圆是中心对称图形，具有向心性和发散性，无方向性。而方柱则具有明确的方向感和严格的两根对称轴。圆柱的向心性和发散性比方柱更加适合作为空间中的装饰重点。通常在不规则空间中，空间轴线不明确，因为圆柱无方向性且呈中心对称，更加适用于模糊的空间序列，以及发散性的空间平面。而在规则空间中，空间方向明确，方柱轴线的方向性更适合空间序列感的营造。

　　方柱和圆柱的装饰形态，亦有区别：圆柱具有柔美的形态，方柱截面则为直线的组合，所以体现出结构明朗的形态。圆柱从任何角度看都是等宽的，而方柱的长宽比例是随着人视角的变化而变化的。商业空间可以根据形态和功能的需要，进行方柱和圆柱在装饰形态设计上的互相转化。

　　②柱子的异化设计。柱体在商业空间设计中，可以根据空间性格特征的不同而进行特异的造型设计。

　　中国古典建筑中的柱体，如檐柱、金柱、山柱、中柱、角柱及瓜柱等，几乎全是承重柱。它们最重要的功能是承重，其次才是空间的划分以及装饰作用。而在现代建筑中，特别是在现代建筑的室内设计中，设计师会根据空间的实际需要赋予其更多额外的附属功能，甚至人为地设计一些非承重柱。现代建筑室内环境中承重柱与非承重柱并存，柱子的功能也被进一步延伸。其可以用于展示室内陈设品，也可以帮助建立室内设计风格，还可以划分室内空间。在比较大的空间中，设计师可巧妙运用多重立柱，既增加室内景观，又使室内各功能区有所分隔。

中国古典建筑中的柱体造型有比较程式化的特点，柱头、柱身、柱础三者关系明确，各自独立。虽然柱础的造型各异，柱身设色、包裹材料不同，柱头花样繁多，但这三者之间的构成关系基本保持不变，其比例可能略有变化，但彼此缺一不可。而在现代建筑中，这三者之间的比例及构成关系却发生了重大变化，如可以无柱头，只保留柱础、柱身；也可以无柱础，只保留柱头、柱身；或者将柱头、柱身与柱础多样化或者弱化，甚至删掉柱头、柱身与柱础的设计概念。

柱子的基本形态由结构上的需求决定，因此一般都垂直于地面，有方形或圆形的截面，拥有较恒定的形态特征。对柱体进行装饰时可以在不破坏原有结构的基础上赋予其特殊的形态，这种柱体异化可以是为达到装饰效果而做的形式上的改变，也可以结合一定的功能使用要求，与室内空间功能部件合为一体。

③ 柱子的线、面、体组合。"一切造型艺术，都存在着比例关系是否和谐的问题，和谐的比例可以引起人的美感。"[1] 著名的"黄金分割"就是人们公认的最具美感的比例。在柱体的装饰设计中，其整体或局部都存在着大小、高低、长短、宽窄、厚薄等各种问题，而一些基本的设计要素，如线、面、体等都影响着柱子的基本比例设计。下面从线、面、体的表现形式来谈谈柱体的装饰设计。

首先是线的表现形式。在几何学中，点在空间里移动或把两点相连就形成了线。它是一种视觉上的联系，表明一个不可改变的方向，是艺术设计中单纯而又重要的构成元素之一。线的种类有很多，有曲有直。在室内柱体的形态设计中，线可以是材质分割线，也可以是肌理线，或是纯装饰线。不同线条的属性和其对柱体的分割使柱子的视觉感受丰富多变。

水平或垂直的线给人舒缓、安静、平和的感受。室内空间中，地面和天花通常

[1] 彭一刚：《建筑空间组合论》，北京：中国建筑工业出版社，2008 年，第 5 页。

都是水平的。垂直的线条来源于重力方向，意味着稳定和坚固，如柱体对于建筑的结构支持，甚至还可以寓意高贵与永恒。水平或垂直的材质分割线在柱面形成多条重复的平行线，加强了横向或竖向张力，从视觉上使柱体比例在水平或垂直方向增强。线条越是密集，张力就越是明显。在商业空间柱体的装饰设计中，将竖向排列的线条拼贴满柱身，密集的线条和表面的凹凸层次会具有强烈的方向性和立体感，强调柱体在空间中的垂直关系。

垂直的柱体成为商业空间室内设计的线性要素。垂直给人向上、坚韧、理智等感觉，是限定空间体积以及提供强烈围合感的常用手法。它还可以控制室内外空间环境之间的视觉连续性，同时还有助于约束室内空间的气流、采光和声音，表达空间的形式、韵律和比例等。

斜线具有奇特、变化和纵深的动感，会引发攀爬、舞蹈等动态活动的联想。而曲线则会给人以柔和感，具有动态韵律节奏，装饰性较强。在最为平常的"方盒子"的室内空间中，水平和垂直线是空间的主要构成元素，斜线与曲线则是空间中较为特殊的形态，较其他空间元素而言更引人注目。

其次是面的表现形式。面在这里主要指柱体表面不同材质、不同色彩的柱子表面，可将柱子原有的面进行拆分组合，构成新的装饰面。不同材质的面具有不同的反光度、质感和色彩，相差越大，各自"面"的独立性也越强，对柱体的影响也会越大。在现代商业空间设计中，增加柱体面的装饰设计对柱体的比例会有明显的调节作用，同时也能更好地表现柱体的立体感。

再次是体的表现形式。体的表现形式与面相同，可把柱体作为一个整体的体块进行拆分，将其分解为新的小的体块的组合，新的体块比例同样会改变柱体的比例。

柱头与柱础是最常见的以体的表现形式改变柱体比例的设计方法。柱头、柱础的高度调整了柱身的长度，使上下三段长度的比例发生变化。柱头和柱础的宽度与柱身的对比，也会影响人们对柱体比例的视觉感受。除此之外，柱体横向或纵向分割成新体块，成为粗短或窄长体块的组合，也同样会令人产生新的感受。与此同时，柱体的凸凹结构也给人强烈的体积感。

还有一种用体的表现形式来改变柱体比例的方法，即异化柱体的形态，较大程度改变柱体的形态后，便较难用传统的概念去评判其比例。

（3）柱体的色彩运用

勒·柯布西耶曾言："色彩是被遗忘了的巨大的建筑力。"在商业空间的室内设计中，利用色彩关系进行主题营造前，要先对商业空间的色彩基调进行研究。色彩在情感表达方面给人非常鲜明而直观的视觉印象和感受。事实上，在各种视觉要素中，色彩对于人们来说，是最敏感和最富有感情的要素。不同的色彩给人不同的感觉，相同的色彩在不同人的眼中也会引起不同的情感。

装饰色彩是用色彩语言对造物或造型进行表现。用色彩不仅可以调节柱体的体量感，而且会给人或明快或沉稳、或醒目或含蓄的感受。

有时在远处可清楚地看见色彩，而在近处却模糊不清，这是因为背景色的影响。清晰可辨认的色识认度高，相反则识认度低。识认度在底色和图形色的三属性差别大时增高，特别是在明度差别大时会更高，还受到当时照明状况和图形大小的影响，等等。在其他条件相同的情况下，偏暖、明度高、彩度高的色彩有前进和膨胀的特性，可增强柱体的体量感；偏冷、明度低、彩度低的色彩有后退和收缩的特性，可减弱柱体的体量感。

色彩给人的感受并不是绝对的，在很大程度上取决于所在的背景环境。柱体处于室内空间时，柱体的自身固有色与环境色共同作用，当它们颜色接近时，柱体融入背景，弱化了体量的视觉感知度。反之，会形成鲜明反差，柱体的视觉感知度得到增加，强化了柱体的体量感。

现代建筑中，柱体的色彩设计进入了比较自由的状态，但这种自由并非是绝对的，要根据建筑的场所精神、空间性质、设计风格等来确定其具体色彩。近年来，随着越来越多的新技术运用到商业环境设计中，空间设计的色彩也越来越丰富，出现了用灯光和信息技术控制的变换色，以及各种新型透光材料。科学技术的发展帮助设计师将色彩的被动变化转变为主动的改变。

（4）柱体的装饰设计

为丰富空间形态，形成空间的引导、序列、围合等，需要在空间中增加一些装饰性的柱体。由于没有结构的限制，这些柱体的装饰形态较为自由，自高度、比例和形态受限较少。除此之外，还可以自由选择安放位置，更加方便于对空间的服务，主要是空间功能方面的，装饰为次要方面。还可以利用装饰柱的多变性，或在柱体中间无结构部分的空间加入灯光，形成内部发光的柱体；或是在完全透明材质中填充不同物质，从而形成特殊的视觉和质感效果，将装饰柱的特征作为室内空间的亮点。

装饰柱没有高度和粗细等形态限制，可以自由设计成空间或造型所需的高度和形式。夸张的造型和色彩在室内空间中比其他装饰造型因素更容易吸引人的注意力，我们可以充分利用装饰柱的这一特征将其作为空间的视觉中心和围合中心。当然，也可以用简洁大气的柱体进行造型设计，增强整个空间的向心性和区域感。

由于装饰柱内部无柱子的结构实体，柱体内部配合灯光可以设计成各种光线效果。柱体表层使用透光材质，结合内部藏灯就可以形成灯柱的效果，尤其在光线较暗的空间场所，如餐饮、娱乐、展厅等环境中具有明显的装饰和实用效果。灯柱的组合使用构成排列的灯廊，可引导流线或加强空间序列。

透明柱体内部也可以不是灯具，而是填充其他物质，通过材料在通透容器的堆砌感产生不同于平时看到的质感效果，还可以用软质材料制作成串起的悬挂物来构成虚的装饰柱，从视觉上比实体的柱体更加通透。这种装饰柱具有悬挂物轻巧、灵动的特色，如果加以灯光，将获得更加迷人的效果。

另外，随着社会科技的发展，高层商业空间的裙楼中，经常会出现形体粗壮、体量巨大的柱子，而当柱体过分粗壮时，应采取相应的装饰设计方法，减弱柱体纵向的形体感。具体方法有：

增加柱体纵向的垂直线条。在柱体上重复出现纵向的垂直线条，可以加强柱身的纵向感，有种将柱体拉长的感觉。

柱体装饰运用平整光洁及反射性强的材料。这可起到弱化柱体体量感的效果。如玻璃镜面、镜面石材、镜面不锈钢等材料表面的反光性影像效果，能使柱体显得轻盈。这是由于玻璃镜面反映了柱体所在空间环境的影像，使柱体产生了视觉上的虚幻空间，从而削弱了柱体的体量感。

柱体运用冷色和低明度的颜色。当柱体给人的视觉感觉过于粗壮时，可以在柱子上应用冷色和低明度的颜色，这些颜色具有后退和收缩的视觉特性，能在人的视觉上减弱柱体的体量感。此外，当柱体的色彩与背景或环境色接近时，柱体的形体便融入其中，从而也就弱化了柱体的体量。

采用内部照明的方式。为了减少柱体的体量感，还可以采用内部照明的方式，将光源藏于柱体的饰面材料内，利用饰面材质的透光性使柱体产生透光或者发光的效果。柱体作为发光体，虽然因为藏灯而使柱体宽度有所增加，但柱体原有的厚重感会因为发光而消退，从而得到弱化柱体体量感的视觉效果。

综上所述，柱体在建筑空间中既有结构和构造的功能，又有装饰环境、美化商业空间的作用。由于柱体大多凸出于界面，所以其形态比较醒目。当柱子的装饰形态与商业空间室内设计相吻合时，能给人以和谐的美感，成为空间中的有机组成部分。由此看来，我们要把握好柱体在商业空间中的装饰作用，通过对柱体形态进行调节和改善，使柱体在空间中产生更美的视觉效果，烘托商业空间的氛围。

### 3. 柱体在商业空间中的材料运用

材料在作装饰用途时，其特性主要包括光泽、质地、底色纹样及花样、质感、耐久性等。不同的装饰特性，对装饰效果有着不同的影响。材料的选择是一个综合考虑的过程。

前文已述，能弱化体量感的材质一般具有光洁平整、通透、反射性强等特点，也可结合内部灯光来弱化体量感。镜面材质在弱化体量感上有较为显著的效果，它可以完全反射柱体周围环境的影像，从而虚化实体，削弱柱子的体量感。镜面也可经加工做车边、凹凸、棱镜等处理，或与其他材质结合，产生更加丰富的视觉效果（图 2-2-13—2-2-14）。

相反地，想要强化

图 2-2-13 发光柱体的装饰设计可以起到弱化柱体厚重感的效果。

图 2-2-14 镜面柱体的装饰设计可以起到弱化柱体厚重感的效果。

图 2-2-15　雕花柱体的装饰设计。

柱体的体量感，可以用厚重表皮的质感，使柱子的层次更加丰富。一般采用粗糙、肌理明显、不规则形态的材质来凸显柱体强烈的存在感。如粗糙的石材让人联想到石头本身的重量感，或模仿石料的堆砌效果和砖石建筑外墙般的视觉感受，也都有相同的作用。大块卵石贴面的夸张的冲击力，可用于营造特殊的环境氛围，其粗犷的质感和立体的表面给予柱体强烈的体量感（图 2-2-15）。

（1）木材饰面

木材用于室内设计工程，有着悠久的历史。它材质轻、强度高；有较佳的弹性和韧性，耐冲击和振动；易于加工和表面涂料，对电、热和声音有高度的绝缘阻隔性；特别是木材美丽的自然纹理、柔和温暖的视觉和触觉效果，是其他材料所无法替代的。

因此，木饰面柱体可应用于多类商业空间中。木饰面色彩的选择，也是对室内整体色调影响较大的因素之一。木质板材除了展现自身纹理外，还可通过不同的拼纹方式展现纹理的不同组合，形成较强的纹样感，使纹理成为装饰的因素之一。

设计最为简单的木结构，也会碰到一个最根本的问题。木材横向与纵向的膨胀收缩率不相同，由于环境湿度的变化，从而导致各部分产生不同大小的位移。对木材进行适当的干燥处理可缓解但并不能完全解决这个难题。

木质饰面板常用于商业空间室内墙面的各种造型，除了能保护墙身外，还有隔音、隔热、保温、吸音等功能。普通木质饰面板一般采用现成木方（20mm×30mm或者 30mm×40mm）或者厚胶合板（夹板）条作为龙骨架，面封 4mm 或 5mm 厚夹板（图 2-2-16）。其面可以用乳胶漆、喷涂、贴墙纸（布）、贴不锈钢（铝板、白镜）

等进行对柱体进一步的装饰设计，其施工顺序大致可归纳如下：清理 → 选板→ 弹线 → 贴板 → 修整→上漆。

其他板材饰面，如吸音饰面板，其施工方法是先安装龙骨架（包括木龙骨和轻钢龙骨），饰面板用黏合法或钉固法固定。无论采用黏合法还是钉固法，其施工工艺同普通木质饰面板的安装都非常相似。

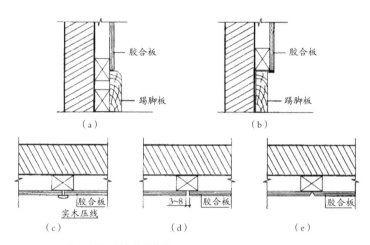

图 2-2-16 普通木饰面板包柱结构施工图。

（2）石材饰面

室内装饰中使用的饰面天然石材主要有大理石和花岗石两大类。天然大理石是指变质或沉积的碳酸盐岩类岩石，属于中硬石材。天然大理石质地较密实，抗压强度较高，但容易风化和溶蚀，而使表面很快失去光泽。作为饰面材料的大理石饰面板材都是经研磨抛光后的镜面板材，其光泽因材而异。硬度高的石材抛光效果好，光泽度高，晶莹剔透，质感光洁细腻。天然大理石表面条纹分布一般较不规则。

天然花岗石是以铝硅酸盐为主要成分的岩浆岩，属于硬石材。花岗石质地坚硬密实，抗压强度根据石材品种和产地不同而异。花岗石不易风化变质，外观色泽可保持百年以上。天然花岗石抛光板光泽度高，色彩丰富，花纹均匀细致，耐酸碱、耐腐蚀、耐高温、耐光照、耐冻、耐摩擦、耐久放。花岗石板材的表面因加工方式和程度不同，会形成不同的表面质感。石材表面的主要加工类型有研磨、抛光、火烧、翻滚、喷砂和剁斧等。

人造石材是以天然石科的石渣为骨料，与黏合剂和配料混合，经加工成型固化制成。它具有天然石材的花纹和质感，但重量只有天然石材的一半，且强度高、厚度薄。此外，它有耐腐蚀、耐污染等优点，色彩和花纹还可根据设计意图制作，是理想的室内装饰材料，应用很广泛。人造石的制造工艺还可以使柱体的接缝减少到最少，甚至没有接缝，适合特殊的设计要求。

饰面石材的装饰性能主要是通过色彩、花纹、光泽以及质地肌理等反映出来的。一般经打磨处理的镜面石材和细琢的细面石材，表面光洁，质感细腻，让人感到坚硬、冰冷，使人有稳定感、安定感等，牢固耐久，有华丽高贵的装饰效果。而粗糙的石材饰面给人沉重、粗糙的感觉，但也体现出一种古朴、回归自然的亲切感。

除以上常使用的石材外，还有云石、砂岩、板岩和文化石等。

在现代大型商业空间中，石材包柱应用较为广泛，对施工工艺及配件构造的要求也非常讲究，石材饰面的安装主要有干挂和湿贴两种，较大面积的石材板材安装一般都以干挂为主。柱面石材的施工方法多用粘贴法、挂贴法和干挂法，根据饰面石材的规格大小、施工设计要求等不同而有所差异。

柱面石材粘贴法，施工简单快捷，占用空间少，造价低。石材粘贴法中，湿贴指通过锚固和灌浆的方法，把石材镶贴在柱体表面的安装工艺。根据使用的粘贴材料的不同，可分为水泥砂浆粘贴法和大力胶粘贴法。石材水泥砂浆粘贴法，只适用于规格较小的石材，其规格要小于400mm×400mm，安装高度不超过2m。其施工工艺顺序可总结为：清理 → 弹线 → 粘贴 → 保护。

石材挂贴法与干挂法施工工艺、过程、顺序等基本相同。挂贴法利用铜丝固定在钢筋网上，水泥砂浆辅助粘贴；干挂法依靠挂件、螺栓直接固定在墙面或钢架上（图2-2-17）。

石材大力胶粘贴法中，由于大力胶作为新型的装饰材料，打破传

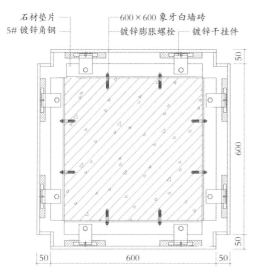

石材垫片　　　600×600象牙白墙砖
5#镀锌角钢　　镀锌膨胀螺栓　　镀锌干挂件

图 2-2-17　柱体干挂石材剖面。

统墙面石材施工工艺的各种限制，其施工速度、方法、成本等都优于传统的"干挂法"。

（3）金属板类饰面

用轻金属，如铝、铝合金、不锈钢、铜等制成薄板，或在薄钢板的表面进行烤漆、喷漆、镀锌等处理均可作为饰面材料。用作饰面材料的金属仍保持其自身的金属属性，有一定的金属光泽，体现不同的金属质感和表现力。[1] 色泽突出是金属材料的最大特点。钢、不锈钢及铝材的银色光泽具有现代感，而铜材的金色光泽较华丽、优雅，铁和仿古的铜则古拙厚重。金属饰面板可以是平板，也可以作凹凸条纹或其他形态处理，增加板的刚度。金属条纹板整齐排列的纹理，给人明确的方向感；金属波纹板由于波纹的表面扭曲和互相折射而不能形成完整的图案，产生变幻的光影效果。金属饰面的柱子具有坚硬且冷峻的视觉感受，极具现代感，有现代机械美学的美观，适用于富含现代感的商业空间。一些反光度较低的金属饰面柱体，如青铜饰面则相对含蓄，反映出怀旧的情感和历史的沉积感，适用于色调和气氛浓郁的室内空间。

金属饰面板的安装可以用螺钉直接固定在结构层上，也可以用专门的锚固件悬挂或嵌卡，将面板固定在特制的钢架上。通过专业的设备，金属饰面板较容易被折成直角或弧面。板材厚度越大，表面的平整度越好，直角也越挺，许多板材的拼接处还可处理成无接缝拼接等。

（4）玻璃类饰面

玻璃是以石英砂、纯碱、石灰石等主要原料与某些辅助性材料，经1550℃～1600℃高温熔融、成型并经急冷而制成的固体。玻璃晶莹剔透、冷硬、通透或反光性强，但易受到碰撞而破碎。玻璃按其建筑应用可分为三类：普通玻璃、特种玻璃和装饰玻璃。其中，装饰玻璃已从过去单纯的建筑材料和采光材料中独立出来，通过各种冷加工或热加工工艺，常作为室内装饰的饰面材料。

在装饰玻璃中，按表面的平整度可分为平板玻璃和质感玻璃。平板玻璃，如磨砂玻璃、背漆玻璃、夹层玻璃等，表面光滑、反光度高。质感玻璃主要指的是经熔熔等加工处理的玻璃，如彩雕玻璃、叠晶玻璃、热熔玻璃等，它们具有不同的表面

---

[1] 史春珊等主编：《室内建筑师手册》，哈尔滨：黑龙江科学技术出版社，1998 年。

质感和纹理，同时也会产生不同的光色变化。

不同色彩、样式和加工工艺的柱面装饰玻璃，分别适用于不同的空间。例如简洁大方、色调淡雅的平板玻璃柱体可以建构时尚、现代的空间氛围；肌理灵动和色彩、图案鲜艳多变的质感玻璃则帮助商业空间营造浓郁的气氛；将有透光性的玻璃装饰在柱面，可以利用其透光性把柱体装饰成灯柱，成为商业空间中的设计亮点。

玻璃作为柱体饰面材料的安装方法有两种：一种是在玻璃上钻孔，用广告钉等直接钉在木基层上；另一种是用嵌钉或盖缝条，将玻璃卡住。盖缝条可选用实木或金属收边条等。不同的安装方法带来不同的装饰效果，固定玻璃的广告钉或收边条都是装饰形态的组成部分。

另外，玻璃中特殊的镜面玻璃，具有良好的反射性，能完全反射柱体周围环境的影像，从而削弱柱子的体量感，并从视觉上丰富空间层次。

（5）软织物类饰面

织物在这里指包括毛棉、草麻、皮革和壁纸等在内的各种纺织物面料。织物作为饰面材料，具有柔软、温暖、舒适等特性，令人感到亲切温馨。将织物设计成软包材料，在空间中有一定的吸音功能，也可用于人们活动时经常接触的一些地方，如座位、健身房、幼儿活动场所等，可以防止碰撞。将织物进行一定的设计组合，可使软包更具装饰性。如将纱幔等软性织物的皱褶包裹固定在柱体表面，形成织物特有的肌理效果，配合灯光更能反映出皱褶处的厚薄变化。这种直接的包裹对于营造温馨、柔美的空间氛围有着不可替代的显著效果。

壁纸在此也归入织物饰面的一种。壁纸同其他织物一样，具有各种色彩、肌理和纹样可供选择。尤其是丰富的纹样选择，是壁纸区别于其他材质的最大特色。在选定色彩基调和质感的基础上，可着重选择壁纸的花纹、图案或是暗纹。由于是人造材料，其纹样的可选择性和设计性极大，可以最大限度地满足室内设计的创造性。

柔软质地的织物在对圆柱等柱体表面进行装饰时，可塑性较大，材料损耗较小。

（6）绿色材料的应用

在生态环境日益恶化的今天，绿色设计已成为我们必然的选择，只有这样才符合社会和人类文明的发展规律。在室内空间设计中，应考虑和解决好自然能源的利用，如对日光、自然风、水、木材及各类材料的合理、充分利用。在空间组织、装修设计、陈设艺术中应尽量多利用自然元素和环保材料，朴素地塑造空间，创造自然、质朴的生活和工作环境，尽量减少能源、资源的消耗。还要考虑资源的再利用，注意对环境无毒、无害材料的开发利用。同时，室内选材要考虑到防火、防尘、防蛀、防污染等问题。作为设计师，不仅要在设计方面，更重要地是在环保意识方面提高认识，让人们充分意识到和理解人与自然环境之间和谐共生的关系。通过一系列的绿色设计手段，为人们创造一个绿色环境、生态环境，是室内设计师的重要任务。

商业空间设计中，应确立节能环保的设计理念，做到不滥用材料进行过度装修，尽可能采用环保装饰材料，优化施工程序，最大限度避免资源的浪费。相信人们凭借科学技术发展所提供的条件，能逐步实现理想中的绿色设计。

随着科学技术的发展，有很多新型材料越来越多地运用到柱体装饰的设计中。科学的空间柱体装饰，可保护柱体结构，延长建筑物的使用寿命，优化商业空间的使用功能和视觉感受。在柱体装饰设计中，应按照相应标准和规范，合理选择装饰材料，把握实用、经济、美观的原则，根据建筑物的类型、风格及委托方的具体使用需求，做到统筹考虑、协同进行，取得优良的商业空间室内设计效果。

### 三、室内商业空间的形式及审美意境

建筑的灵魂是空间，建筑的美是随其内部空间形态的变化而变化的，其内在结构关系便是空间构成的形式，有着自己的独特语言。建筑不仅是空间艺术，而且是一种时间艺术。建筑的内部空间像一座巨大的空心雕塑，人可以在其中自由穿梭。不同的观看角度——这种在时间上的延续移位，给传统的三维空间增添了新的内涵。这样，"时间"被引入建筑艺术。

空间形态的美感与其围合程度有着非常密切的关系。一个真正具有美感形态的空间，不但受到围合形态的制约，而且受到审美机制的制约。点、线、面、体等几何美法则（图 2-3-1），多样统一、联系分隔、比例尺度、节奏韵律等构图美法则，色泽质感、纹样肌理等装饰美法则，还有环境、意境、气氛、情调等情感美法则，都将在美的空间中得以体现。在商业空间的构成中，一切物质手段都为实现空间美而存在。空间美是一种蕴含于实体美之中，而又被实体美所折射出来的美。

具体来说，空间美一般表现为三种形态，即单一围合空间的静态美，有机复合

空间的动态美，以及趣味空间的变幻美。

静态美：表现为完整、单一、封闭、离散、独立等特征，与其他外在空间缺乏有机联系和贯通，有着较好的私密感和安谧感。如图 2-3-2 展示的是美国拉斯维加斯

图 2-3-1　通过点线符号，表现诗意空间。

图 2-3-2　美国拉斯维加斯威尼斯人酒店商业空间，具有诗意的环境和谐美。

威尼斯人酒店的公共空间与子空间的静谧关系。

　　动态美：表现为活跃而富有生气的空间形态，它的基本特征是外向、连续、流通、渗透、穿插、模糊。比如，歌德曾把建筑当作"凝固的音乐"加以赞美，空间的节奏和序列变化，时而急促，时而舒展，仿佛在空间变化中感受到了音乐的旋律，是一种多变的动态美。再如约翰·波特曼的旅馆中庭、赖特的"流水别墅"，都体现了动态之美。从商业空间来谈，无论是汇集与疏散人流的流线、商品陈列复合动态空间的组织，还是体现环境特色、自然景观的中庭，都是建立在人不断运动的视觉基础上的。"静寓动中，动由静出"，正是通过视点的连续变动，才使人真正领略到空间的动态美（图2-3-3—2-3-4）。

图2-3-3　该空间通过红彩带的家具组合，以及吊顶图形的上下呼应，表现空间的动态美。

图2-3-4　空间的动态美。

　　变幻美：如同趣味空间，作为有机复合空间的一种，其美感形态更加繁复、深邃，因而呈现出更为奇妙多变的变幻效果。在商业空间中，特别是娱乐性场所，常使人感到空间动静交织、意味无穷。不同类型、各种品牌的商品，由于造型、大小、色彩不同，陈列方式多种多样，空间层次变化丰富，再加上娱乐性空间的设计趣味，整体充满奇妙的戏剧效果，给人们独特的美感享受。空间的变幻美正如赖特所说，"有着极大的包容性，蕴涵着动的潜力和无穷无尽的变化"（图2-3-5—2-3-6）。

图2-3-5　通过点（灯具）、线（柱体）、面（柜台）和曲线（楼梯），表现出诗意空间的变幻美。

图2-3-6　利用建筑实体曲线的流动与节奏变化，表现诗意空间的变幻美。

空间的审美感受是感觉、联想、回忆、冲动和知觉等的群集，回荡于整体存在之中，抽掉任何一个要素，都将破坏这个整体。一个完整的空间形态，从来就不会只是一种形式，它是外在形式与内在形式的有机综合体。对于一个复杂的空间，人们必须一再观览体会，从各个方面走近它，在有条不紊的内部空间里穿行，在变化的距离和视点中观看、思考，才能洞察其丰富性及深邃的启示。这种复杂的和变化着的感受，这种感受所带来的秩序、层次、韵律、休止、对比、高潮以及包括这些在内的时间因素，乃是空间美的特殊属性。空间形态或景物就其本身而言并没什么特殊意义，但是在通过空间将前前后后的体验联系起来时，就显示出空间美的诗意了。

1. 商业空间的形式意味

英国美学家克莱夫·贝尔说："在各种不同的作品中，线条、色彩以某种特殊方式组成某种形式或形式间的关系，激起我们的审美感情。这种线、色的关系和组合，这些审美感人的形式，称之为有意味的形式。"

空间环境的艺术性创造，正是建立在这种形式原则与形式要素的共同基础之上。追求空间的美感设计，对造型、色彩、光影和材质等要素，均应遵循美学原理，从而求得取悦感官、修身养性的艺术效果。

商业环境把空间组合成人们可以购物、娱乐、散步、交往等的特定场所，设计任务极其复杂，设计者最终提供的是一些以适当的设计语言表现的物体，以及人与空间之间的关系。形式作为设计语言的基本词汇，是设计表达的媒介，在将空间解释为场所的过程中扮演着重要的角色。空间的设计形式是多变的，具有充分的灵活性。它不是指一个静止的形象，而是一个动态平衡的结果，并且影响着整个环境设计的气氛，或者严肃沉重，或者气息浪漫，或者简洁素雅，或者平易近人（图 2-3-7）。

图 2-3-7　通过空间曲线变幻的结构形式，表现女性的柔性美。

（1）形式与逻辑

空间形式研究中的另一个重要问题，在于如何运用它来组织设计思想及设计语言，这一过程，称为设计逻辑。例如，设计一间淑女服装精品屋，应考虑如何吸引少女的注意，如何组织服装的陈列与展示效果，才能运用设计语言完美表现空间的整体效果，从而突出服装、促进销售。又如，流线如何组织才能引导、分散顾客；空间如何分割，才能创造出个性等。这些构思均反映了逻辑思维的过程与设计思想的结合。

商业空间是为广大消费者服务的，应具有各种档次及美学吸引力，并兼具实用型、娱乐性、艺术性，设计者需要将这些特点融合为一体呈现给顾客。只选用一种设计准则或风格的某些偏好，绝不是真正的好设计，只有根据实际功能的需要，结合环境的内在结构，才能触及设计工作的更高层次——设计逻辑。

任何设计行为所依据的思想都来源于使用者的需求，而这些需求也受到不同社会、文化和经济条件的制约，并和空间环境因素融为一体。因此，我们应把商业环境看作一个整体，它集合了不同的功能分区和交通流线，不同的空间性质、色彩、光影等因素。一些空间环境也许因其独特的空间划分和空间表达而被认为有着独特的个性，然而它仍然是属于其周围环境脉络的一部分，和其他形式发生关系。设计者要研究的就是这些空间形式的整体组织关系，也即逻辑关系（图 2-3-8—2-3-9）。

图 2-3-8　商品陈列架的抽象造型与整体组合 a。

图 2-3-9　商品陈列架的抽象造型与整体组合 b。

（2）形式与情感

在创造一个人性化的空间时，不仅要考虑人与空间的功能关系，还要考虑审美、想象、浪漫、人情味等因素，使人置身其中必然受到环境气氛的感染而获得精神上的享受，从心理上产生情感的温度（图 2-3-10—2-3-11）。

商业空间是现代人工作之余，休闲、娱乐的场所。在这里，人们工作的压力得到缓解，可以自由、轻松地散步和购买各类商品，获取信息知识。为迎合人们的这种心理，现代商业环境加强了对空间自然景色的创造，注重在喧嚣的城市为人们提供一份幽静，使人们在与自然的沟通中寻求自我的精神世界。除此之外，商业空间的情感世界还以轻柔浪漫的、奔放的、隆重的、热烈的、喜庆的、传统与现代的等各种面貌出现。

人类的情感必须与客观存在的事物相联系方能形成富有感染力的气韵。空间形式与情感上的微妙关系，体现出设计的卓越智慧（图 2-3-12）。

2. 商业空间的意境

意境离不开情景交融的审美意象，由审美意象升华而成。意境与

图 2-3-10　通过点光源的线面组合，使空间形式富有温馨情感。

图 2-3-11　通过立体抽象的商品陈列形式，使空间形式富有浪漫情感。

图 2-3-12　美国 66 号公路小站，通过情景再现，表现怀旧的形式与情感。

意象有着紧密的内在联系，研究空间意境问题，有必要从空间意象的考察入手。

　　意象是意与象的统一。所谓"意"，指的是意念、意愿、意趣等主体感受的情意。所谓"象"，有两种状态：一是物象，是客体的物所展现的形象，是客观存在的物态化的东西；二是表象，是知觉感知事物所形成的印象，是存在于主体头脑中的观念性的东西。一切蕴含着"意"的物象或表象，都可称为"意象"。审美意象是情与景的统一，如黑格尔所说："在艺术里，感性的东西是经过心灵化的，而心灵的东西也借感性化显现出来。"

　　审美意境由审美意象有机组合得来，承继了审美意象的形象性、主体性、多义性、情感性等一系列先天特性。意境的内涵意蕴是深层的、大而有容量的，突破有限进入无限，具有无可穷尽的广阔艺术时空，触发活跃的思维。并且意境的意蕴常常有哲理的高度，引发具有高度哲理性的人生感、历史感、宇宙感，具有极为开阔、深远的意义。

中国传统艺术理论认为，"凡书画当观其韵"。此所谓"韵"，实际是指精神、性情，使作品在平淡中含有意到而笔未到的深度，有超越线条之上的精神意境。运用到空间环境的塑造中，则指丰富的内涵，使其有更高层次的审美价值。韵味也正是在空间中通过物与情产生的艺术魅力——"场"。"场"是空间设计的灵魂与精华所在，也如中国绘画"以形写神、神寓于形"，"知白守黑、虚实相间"的高深境界。留白其实是为欣赏者留出更多的想象空间。齐白石画的虾比真虾更吸引人、更富于感染力，是源于生活、高于生活的艺术升华。表现在空间环境中，则"以少胜多"，以极简的艺术语言取得艺术和实用统一的效果。把各种空间组合元素综合形成一种无声的环境语言，也体现了意境的包容特征，表达出特有的空间意境和情调，使人们在环境中产生联想，思索出个中内涵，体味其中的艺术魅力，得到精神上的享受（图 2-3-13）。

3. 空间的布局

在建筑结构形成的大空间或一次性空间中，若想将其划分成若干个限定的空间，并使每个空间都符合功能需求，就需进行内部布局，分割出二次空间。室内空

图 2-3-13　空间墙体通过抽象的鱼形，以及陈设的水草符号，来表达空间的画境。

间作为人类生活的主要场所之一，是为满足人类的需求而有意识创造的空间。为了满足人类的各种目的，为了在精神上得到舒适与安乐，空间的形式也是多种多样、灵活多变的。

对空间进行分区布局是促进平面功能更细密分化的方法。生活行为中各种因素错综复杂，应按一定的标准将空间大致分成几个部分，使空间逐步明确起来；再从所谋求的空间机能方面分析该空间，使不同的机能对应于不同的分区；最后，把被明确区分的各空间组织起来构成整体。这样，依靠巧妙的区域划分，室内环境便极其明确地成为与生活行为相适应的空间了。反过来说，具有良好的实用性的空间都有着明确的区域规划，通过把空间"枝干"化，通过"枝干"——流线道路，来统一整体分区布局。

商业空间因功能不同呈现了不同的布局。在功能与空间形式之间的对立统一的关系中，布局追随功能，功能经常都处于支配地位。一种新的空间形式被创造出来，不仅适应了新的功能要求，而且还会反过来促使功能的高度发展，并再次影响空间形式。因此，商业空间的设计必须灵活把握，以最好地展示商品、适应需求。

商业空间内部的组织与布局直接影响商店销售功能的发挥，它一方面要满足销售与购买两方面的流程要求，同时在空间艺术处理上还应达到激起顾客购买欲望的效果。商业空间多划分成以陈列商品为主的售货区和顾客流动空间。由于商业空间销售多类商品，各类商品需要分类组合，以减少相互之间的影响和干扰，所以，在满足空间整体感的前提下，需在一次限定性的母空间中，创造二次限定的子空间，即在大营业空间中创造小环境。这些小环境可以是独立的封闭空间，也可以是隔而不断的通透空间或半开敞的流通空间，甚至是在视觉上形成的不定型的虚拟空间。从整体出发，为方便多种经营活动的相互促进以及顾客的选购活动，被划分的各个空间必须相互流通，彼此渗透和延伸，以保证顾客活动路线具有相对的流畅性与连续性（图 2-3-14—2-3-17）。

可以通过内部营业活动的设施来对空间进行划分，如货架、柜台、陈列台、展台等与对应空间的互动。还可以通过空间处理手法，如吊顶的高低变化、地面的划分处理、材料的对比、照明和色彩处理，以及利用中庭、入口、夹层、母空间等来具体进行空间划分。例如中庭以大空间为中心，四周环绕小空间的空间组合形式。

图 2-3-14 商品陈列利用二次空间形态的布局，展现
渗透与延伸的空间效果。

图 2-3-15 空间布局结合商品陈列，具有构成的形式美。

图 2-3-16 空间的功能与布局中，透露出变幻之美。

图 2-3-17 空间的结构与布局中，表现出虚与实的构成
关系。

在商业空间的布局中，为引导人流及激发顾客购物欲，应有计划地组织空间序
列，使之高潮迭起，从而延长顾客迂回逗留时间。除此之外，还要在不经意的状态
中均匀地疏导顾客至各个区域。因此，应在设计中有意识地将转角、过厅加强标识
性以及导向处理，使布置在某些较偏僻区域的商品增加销售机会。在空间层次的设
计中，光照、色调、材料等方面的处理应尽量精致、考究，给顾客创造一个悦目、
宜留、宜购的商业服务场所。

### 4. 空间的围与透

建筑空间是围与透的统一体，围与透是建筑空间的基本矛盾。在设计上应考虑建筑空间的开敞性、可变性，使空间相互渗透，形体交叠、组合，没有明显的界线和固定的规则，形成多元、多层次的模糊性空间。围和透是相辅相成的，在空间设计时应把围与透这种互相对立的因素统一起来考虑，有围有透、虚实相间，使有限的空间无限延展，景致重叠中凸显空间的魅力。

一个空间是围还是透，也要根据空间的功能性质和结构形式而定。一个区域内的空间要互相渗透与融合，渗透使小空间变得阔大并增加了景观上的纵深层次，把周围环境有机统一协调起来。不同区域的空间也要相互映衬，使之相互联系，两种空间在分隔中互相渗透，构成动中有静、静中有动、虚实相生、异体同构的美妙意境。

灵活地划分围合空间，可利用隔断以其不同的长短、高低、曲直、转折、虚实、断续等形态组合，通过分离、屏蔽、穿透、延伸、界栏、借托、映衬等方式，营造出千姿百态、景象纷呈的空间环境。不同围合界面的空间有虚实之分，如低矮隔断、空透隔断是虚面限定的空间，能使围合的空间既有相对的私密性，也有公众性，正是"围合之中有空灵，开敞之中有安宁"（图 2-3-18—2-3-19）。

通透空间在当代建筑中常被使用，其形态上颇有特点，在间隔化、距离化的条

图 2-3-18　筒形的二次子空间，表现出围与透的形式美。

图 2-3-19　该空间通过透明的玻璃材料，表现出围与透的变幻美。

件下会产生奇特的美感。正好比隔帘看物比直接看物要有吸引力。凡是实的墙面，都因遮挡视线而产生阻塞感，凡是透空的部分都因视线可以穿透而吸引人的注意力。利用这一特点，通过围、透关系的处理，可以有意识地把人的注意力吸引到某个确定的方向。另外，空间的围或透直接影响到人们的精神感受和情绪。如果空间皆为四壁，会使人产生封闭、沉闷的感觉；若四面临空，则使人感到开敞、舒畅。

对于商业空间来说，透是主要设计手段之一，为的是突出商品，给顾客更多挑选的余地。但是围也起到很关键的作用，只透不围，将是一片散乱状，没有主次、缺少统一令顾客迷失。而围的形式多种多样，可灵活使用，有家具的围、绿化的围、高低层次的围以及流线导向的围等。围的目的是要围出相应的自我空间、虚拟空间，使次序、分区井然，这样在商业空间中才有相对独立的空间，方便突出各种商品品牌。

5. 空间的层次与序列

两个相邻的空间，可以彼此渗透，视觉上相互贯穿，从而增强空间的层次感。如果两个或多个空间是一种渐进关系，可在中间插入一个或几个过渡性空间，整个大空间就会变得段落分明，并且有抑扬顿挫的节奏感，使空间组合有循序渐进的序列层次（图 2-3-20—2-3-21）。

图 2-3-20　利用树形列柱的空间层次划分，加强了空间进深感。

图 2-3-21　通过点、线、面等的连续性使用，展显空间层次与序列。

在商业空间内，人们不可能一眼就看到全部商品，只有在连续行进的运动过程中，从一个空间走到另一个空间，才能逐一看到各个部分的商品陈列，形成整体印象。人们在这一过程中观赏到的，不仅涉及空间变化，同时还涉及时间变化。组织空间序列的任务，就是要把空间的排列和时间的先后这两种因素有机地统一起来。只有这样，才能使人不仅在静止的情况下能够获得良好的观赏效果，而且在运动的情况下也能获得对连贯空间的整体良好认知，从而更深入地与商业空间互动。而空间的序列，首先应按照主要人流路线展开，要能够像一曲悦耳动听的交响乐那样，既婉转悠扬，又具有鲜明的节奏感，使空间的序列有起有伏、有抑有扬、有重点有高潮，层次分明。

商业空间的层次与序列组织，需综合运用对比、重复、过渡、衔接、引导等处理手法，把不同的、不连贯的商品陈列区组织成一个有秩序、有变化、统一完整的空间集群。商业环境中的空间集群可以分为两种类型：一类呈对称规整的形式，另一类呈不对称、不规则的形式。前一种形式能给人以庄严肃穆或大气率直的感受，后一种形式则比较轻松、活泼和富有情趣。

由于商业空间多为框架结构且较为开敞，可以自由灵活地来进行空间分隔。例如：中庭空间连通的景观、观景电梯及大型玻璃幕墙使室内、室外互相渗透，靠借景把外部空间引向室内，起到延伸空间的作用，从而获得层次丰富的景观。另外，使用镜面材料也可使空间增强层次并显得宽敞；光照所产生的光影变化也可突出吊顶层次、家具造型等，对丰富空间层次有良好的效果。

6. 空间的韵律与节奏

韵律是静态形式在视觉上所引起的律动效果。通过重复使用某一设计要素来达到韵律是较常使用的方法之一。韵律是一种广泛存在的现象，在运动中体现为节奏，在视觉艺术中表现为构成元素（线条、形状、色彩）的有规律的重复。人们从韵律中体会到生命的活力、运动的节奏，观察到形式美的规律，因而对韵律怀有天然的亲切感，乐于发现种种韵律美，以丰富美的环境创造（图 2-3-22）。

从空间审美功能来看，节奏的变化形式由于较为单纯，因而很容易把握和领会其变化规律，从而形成一种直接的审美效果。它的重复和搭配规律较为均衡，易于接受，合乎美的秩序与特点。因此，它的审美意境往往具有规则性，给人一种庄重感。与节奏相比，韵律则是另一种情况，韵律构造的审美意境往往是不规

图 2-3-22　通过商品陈列架的连续重复与变化，表现空间的韵律美。

则的，而且多样、多变，有时可以构成由强到弱的意境，走向缥缈、深邃；有时又可构成由弱到强的意境，高昂、激扬、雄壮。它以自己抑扬顿挫的空间变化美，给人们带来音乐般的情调。当人们的想象随着那优美的韵律展开时，也就有效地拓展了审美的空间，空间的美感也就显得更为多彩而丰富，这正是空间韵律与节奏美之所在。

　　韵律与节奏的变化按其形式特点，可以分为 4 种类型：①连续的节奏和韵律形态，以一种或几种要素连续、重复地排列而形成，各要素之间保持着恒定的距离和关系，可以无止境地连绵延长，如柱子、连续的陈列柜台；②起伏的节奏和韵律形态，有如波浪之起伏，或具有不规则的节奏感，较活泼而富有运动感，如窗帘形成的波浪、吊顶的软织物；③交错的节奏和韵律形态，各组成部分按一定规律交织、穿插形成，各要素互相制约与配合，表现出一种有组织的变化，如自动扶梯交错布置构成错落有致、虚实相生的意境；④渐变的节奏和韵律，连续的要素按一定秩序规律而变化，构成层次分明、稳定而流畅的变化秩序，让美的韵律从那逐渐变化的形式中焕发出来，如色彩由深到浅或由浅到深的变化、家具由大到小的组合等。

　　另外，除了由形状的重复与变化所构成的节奏与韵律外，线条也具有韵律与节奏感（图 2-3-23—2-3-24）。

图 2-3-23 空间通过连续螺旋
符号表现韵律与节奏美。

图 2-3-24 子空间在表现韵律
与节奏美的同时，也表现围与
透的关系。

　　节奏与韵律是空间形态中最活跃的因素，它们固然以变化或运动作为自己的特点，然而，它们的运动、变化又无一不是在环境空间的整体中进行，显示美的构图和艺术活力，强化、丰富环境空间。

　　7. 空间的实与虚

　　美学家宗白华说："艺术家创造的形象是'实'，引起我们的想象是'虚'，由形象产生的意象境界就是虚实的结合。"美学家蒲震元说："'实'为意境中的稳定部分，'虚'为意境中的神秘部分。"又称："实以目视，虚以神通；实由直觉，虚以智见；实处就法，虚处藏神；实以形见，虚以思进。"以上说明，"实境"是景物整体直接可感的艺术形象，"虚境"则是形象所表现的艺术情趣、艺术气氛和神韵形象所引发的艺术感受、艺术联想。虚境是不定的、虚幻的、难以捉摸感触的，需要通过感悟和思想才能领略。虚境还具有流动性、间接性、多义性、不确定性。

　　空间中的空白处也可当作虚境处理。空间中的虚境以其不确定性、朦胧性，给人留下想象的空间，引人入胜、耐人寻味，诱发人们的再创造性、想象力，同时也是人们情感的栖身之地。空间中景物的分布与结合，有疏与密、远与近、隐与显、藏与露、断与续、透与围、凹与凸、明与暗、动与静等布局上的虚实关系。这些空间关系的处理正如中国画的构图技巧。中国古代画家石涛在《画语录》中说："山川万物之具体，有反有正、有偏有侧、有聚有散、有远有近、有内有外、有虚有实、有断有连、有层次有剥落、有丰致有缥缈，此生活之大端也。"

　　商业虚空间具有较大的灵活性，可借用隔断、家具、灯具、水体、绿化、光与影的处理等，将原有空间分隔成许多既独立又联系的小空间，丰富空间的层次感及生动性（图 2-3-25—2-3-28）。

　　此章略谈了商业空间的空间设计形式与审美，对商业环境的创造起着至关重要的作用。另外需要强调，我们要创造的空间形态并非单纯地是与自然相对立的事物性遮蔽，而是与人类自身密切相关的人类环境形式，这些空间形式在与人类这个主体的相互关联中而存在，包括听觉、触觉、嗅觉等记忆和经验空间。

　　此外，商业空间的设计还需加强物质和精神双方面的建设，两者相辅相成，互为因果。要在改善环境物质条件的同时，扩大完善空间的使用功能，满足多重使用需求，重视艺术性和独特性，增进环境的精神品质，强化商业空间形式的表现。

图 2-3-25　通过空间结构的线面组合表现实与虚。

图 2-3-26　列柱的编织手法也暗含实与虚的效果。

图 2-3-27　表现空间实与虚的同时，也体现了结构的
韵律美。

图 2-3-28　在楼梯间利用壁面的虚实形态塑造空间，
使空间通透有变化。

# 烘托室内商业空间气氛

## 一、空间的形态

空间是无限的，必须通过物理性限定，才能从无限中构成有限，使无形化为有形。室内商业空间本身是由建筑一次空间限定的，而在这种有形的空间中经过二次空间限定，产生了更多的不同形态的空间形式。又由于人在空间的运动过程中，因不同的围合态势会产生异样的情绪，这些不同的空间具有迥异的环境心理。

室内空间的视觉形态要素是形、光与色，这三者按一定规律可构成千变万化的空间形态，它们排列组合所产生的空间的可能性是无穷多的，这也是室内空间形态丰富多样的原因。但是，在商业空间的组织和设计过程中，也有许多限定因素：首先是以人为中心，以满足人的需要为功能目的；其次是以一定的结构、材料、光、色彩等为基础，以环境文脉等社会文化作为背景。

任何商业环境的构成要素都不是单独地起作用，而是一种相互整合、渗透、补充、交叉的复合作用。因此，应将深入细致的解剖与相关的整体研究结合起来。分析要素的目的是为了更好地理解整体，经过分析综合这一过程得到的认识与理解相对来说比较全面和深刻。在分析时通常要用抽象的眼光去看问题，形、光、色在某种概念上有着一定的广义性。例如黑与白，它们虽无"彩"，但仍属于"色"的范畴。而"光"则特指空间造型中光的视觉效果，例如光造成物体的立体感凸显及反映在材料表面的光影效果，这些不是物理意义上光现象范畴的概念。在空间形态中，可以说形、光、色这三者及其相互作用的结果囊括了所有的视觉现象。例如，可用光照在不同质地、不同色彩的材料表面后所呈现的视觉效果来解释材料肌理。但是，在形、光、色三要素之中，形无疑是最基本与最重要的。因为，光与色的要素是依附于形而存在的，光与色主要起加强形的表现力并烘托整体气氛等辅助作用。在室内空间环境设计中，也有有意强调光、色作用，而形的作用不突出的例子。但就空间形态构成来说，形仍是最基本的构成元素，这是无可否认的（图 3-1-1—3-1-4）。

图 3-1-1　利用不规则的色彩和形态肌理，表现空间个性形式。

图 3-1-2　利用不同的材质肌理表现空间形态。

图 3-1-3　通过光表现空间的形态和结构。

图 3-1-4　通过二次空间的形态，表现具有层次感的韵律美。

## 二、家具的构成

商业家具不仅自身具有使用功能与审美功能，而且也是构成室内空间气氛的主角。从自身的审美功能来看，家具的造型、色彩，给人或明快、挺拔，或灵巧、俊秀，或富丽堂皇、素雅清新等各种感受。家具使空间环境得到改善，为空间环境起着锦上添花的巨大作用。一般说来，空间环境的艺术气氛，主要是由家具构成的，或者说空间环境的格调及基调，主要是由家具决定的。家具式样多，占据空间大，它的造型、色彩、质地直接影响整个空间的审美气氛，有古典的、现代的、欧式的、典雅的、狂野的、舒适休闲的、威严的等各种风格。家具的配置应在协调、对比、平衡、节奏、韵律、主题、变异等设计处理手法上对室内空间分别有所体现，使得家具与室内环境能相互辉映；在改善空间结构及突出个性化方面，家具也充当主要角色。家具必须兼顾整体的观赏性和实用性，促使款式、功能更新，提高艺术含量和文化底蕴。

在空间环境的气氛构成中，家具摆放得是否合适，互相之间的组合、布置是否恰当，以及家具与空间功能的契合度如何，都会直接地影响空间环境的"雅"与"俗"。家具也是人在建筑空间内部再一次创造文明空间的精神努力。人不能直接利用建筑空间，而需要通过家具等物体把建筑空间消化，使内部空间产生变化，即利用家具界定空间、构成空间、创造空间、排列空间，在主空间内派生出不同的虚拟空间和子空间。家具是人们充分使用空间的中介，它的使用功能是第一位的，其次才是形式的美感。现代家具设计是为了满足人们的物质生活和精神生活需求，因此趋向于简捷、质轻、舒适、纯朴，易于移动、分割灵活，柜架设备均以尽可能少的支点立于地面上。特别是在商业空间中，在进行柜架等设备布置时，不拘泥于固有的矩形模式，而是按照顾客的运动流线，利用陈列柜创造不同体量、不同形态、不同体积的多种形式的空间效果，在渗透、交错、排列中获得轻松、活泼、端庄、严谨、大方或调皮异趣的商业气氛，满足商业性和时代性的需要。

家具在商业空间中的具体设计有以下几个特点：

①实用性。商业陈设家具是为了陈列商品，要符合商品陈列的尺度要求，还要与人体工学结合，便于顾客观看、挑选、存取。家具是以人的尺度为标准设计制造的，人们可以根据家具来判断室内的空间尺度，故家具起到了联系人和空间的媒体作用。

② 灵活性。利用家具对空间进行营业区的划分和组织，是商业空间设计的主要手段之一。空间划分灵活自由，可使各个空间分而不断、保持连续感，并形成一定的交通流线。当使用功能的要求改变时，还可重新划分空间，使各部分空间的形状各有特点，杂而不乱，为商业空间环境的气氛增添魅力和趣味。

另外，现代工业化生产的组装式家具，可根据需要进行自由组合，调节家具的高度、宽度，并有各种各样的五金配件与之相配套，使柜、架灵活方便成为可能。有的柜架还装有滑道可供移动，使商品陈列形式丰富多彩。

③ 美观性。陈列家具自身的美，增添了商业环境的形式美感。理想的家具平面布置，疏密有致，穿插错落，有断有连，点、线结合，有曲直相间的韵律感，是环境的形式美既有秩序又丰富多彩的主要因素之一。家具高低错落的韵律，对丰富空间造型、协调空间的体积感和重量感，也会起很大作用（图3-2-1—3-2-7）。

但同时需注意，这些陈列的家具本身并不是商品，它只服务于商品，其造型特征随陈列商品特性而决定，也是展示与保护商品的一种工具。这些家具的造型，只能有助于加强商品的表现力，切忌过于华丽，更不能被繁琐的图案纹饰纠缠，应简朴雅致而突出商品。同时还应坚固、经济，设计需系列化、规格化，风格较为统一。要因地制宜、因材施艺，使家具在造型上、结构上、形式上有适宜的新突破、

图3-2-1　上海新世界大丸百货商店入口处具有构成特点的服务台。

图3-2-2　日杂百货商店中商品陈列家具的构成组合。

图 3-2-3　异形家具的组合
形式。

图 3-2-4　不同角度的异形
家具。

图 3-2-5　线面形式的服务
台家具。

图 3-2-6 不同陈列形式的
家具构成组合。

图 3-2-7 异形酒吧台的家具
构成形式。

新发展。

　　另外，一些商业陈设家具在造型上追求自然特性，这种设计手法满足了人们渴望回归自然、返璞归真的愿望，如用天然圆木制成的茶几，其中层层扩展的年轮形成天然的韵律美。用天然木材与植物制作商品陈列架或相关陪衬和背景，突出了展示的商品，强调了商品与自然的关系，从色彩、质地、造型上与自然界形成对比，吸引顾客的注意。

## 三、材质的表达

　　所谓"人靠衣装，佛靠金装"，商业空间的室内设计装饰离不开材料的使用。空间中材料的选择与运用是室内设计的重要组成部分，也是体现商业空间室内设计效果的基本要素。现代室内装饰材料，不仅能改善室内环境给人以美的感受，同时还兼有绝热、防潮、防火、吸声、隔声等多种功能。而近年来新推出的室内装饰材料，更加入了绿色环保的理念。

　　材料的美感来自于材质的肌理和色彩。肌理给人以视觉和触觉的感受，如干湿、软硬、粗犷与细腻等。科技的进步改变了施工的工艺和人们的审美情趣，原先被用作建筑材料的钢铁、石材、玻璃经过深加工，亦成为现代室内装饰材料，既有工业时代的工艺特征，又体现材料本身的材质美感。

　　社会生活和科技进步，带来人们价值观和审美观的改变，也必然促使设计师们积极运用新技术、新工艺、新材料来创造更好的空间环境。在商业空间设计中，材料应用的正确与否，将会影响使用功能、形式表现及装饰效果的好坏及耐久性等诸多方面，直接影响装饰设计的成败。应尊重材料本身，根据材料本身所固有的特征而赋予其合理的形式。要正确使用材料，一方面就要了解材料的自身属性和表现力；另一方面，由于新型材料的发展，材料品种日益增多(有自然材料、人工材料、无机材料、有机材料等)，及时了解新材料的新信息也会对商业空间设计有着极大的推进作用。

　　自然材料为主的设计适宜表现典雅、宁静的气氛，有古朴雅致之感，耐人反复咀嚼，细细品味。现代人工材料的设计多华丽、高贵。不同性质的空间可采用相应的材料，如花岗岩或大理石，其花色多样、质感丰富、硬朗厚重，往往能形成凝重、华丽、厚实的风格特点，既能收到良好的艺术审美效果，又能恰到好处地实现

图 3-3-1 突出吊顶材质肌理的表现形式。

图 3-3-2 利用材质肌理的造型表达个性空间。

图 3-3-3 通过不锈钢材质的反光特点表现空间特色。

空间环境庄重、肃穆的气氛特征。又如混凝土的本色粗犷，使人感到天生自然、毫无拘束的野性主义特性。还有一些材料，如玻璃、不锈钢等金属，雅致、光润、坚硬，结构轻巧，节点纤细，形态优美，使空间光线充足，令人感觉开敞，增加了空间层次感，使商业空间光彩照人，熠熠生辉（图 3-3-1—3-3-3）。

再如木材、墙布、墙纸、皮革类材料，给人温软、亲切的感觉，特别是木材，易于制作各种形状，色调悦目，纹理美观，手感温暖、平滑、舒适，多用于私密空间、精品屋等的装修。另外，近年来在室内环境设计中，常使用的文化石或天然虎皮石等，给人以自然的质朴感，有一种天然去雕饰的纯真、素雅美（图3-3-4—3-3-5）。

当我们在选用材料装饰各种商业空间时，应首先考虑装饰的风格，然后再选材。各种天然质感的材料，如石头、木材等，其质感自然、质朴，往往较适应于传统型的空间装修；而各种人工材料，如瓷砖、金属板、玻璃等，不仅质感多种多样，且具有强烈的时代气息，因而较为适合现代型的各类空间。当然，装修具有很大的灵活性，价钱贵的材料装修效果

图 3-3-4　皮质材料的空间个性表现。

图 3-3-5　利用木材质的纹理表现乡土原生态空间。

不一定就好，其关键在于装修材料的使用与商业空间的意境表现是不是相协调。另外，还可通过不同材料的肌理表现空间艺术效果，肌理效果带来的美感可使空间富于变幻与趣味，增添空间的表现力（图3-3-6—3-3-8）。

现代商业中心也因新材料的使用有了新气象。越具个性、越新潮的商业空间，所采用的材料往往也越大胆，无论造型与色彩，都令人耳目一新。但现代材料更新快，过时也快，材料用得过于复杂多样，也会影响整体环境效果。

图 3-3-6　石材质肌理的空间表现。

图 3-3-7　通过使用车牌材料表达趣味空间。

图 3-3-8　服装专卖店通过店面中各种装饰元素的材质对比，展示个性前卫风格 。

## 四、色彩的表情

在视觉艺术中，直接影响审美的因素一般包括形体、质感和色彩，色彩是审美中最引人注目的因素之一。对商业空间气氛的塑造，也常常借助色彩的魅力。美学家阿思海姆写道："说到表情作用，色彩却又胜形状一筹，那落日的余晖以及地中海的碧蓝色彩所传达的表情，恐怕是任何确定的形状也望尘莫及的。"色彩能吸引人，加强形的效果，更好地表现空间，给人以不同的感受与丰富的联想。

色彩的表现，不仅取决于它在时间和空间中的位置和关系，还取决于它的准确性，以及它的明度和饱和度。色彩的美感是所有美感中最大众化的形式，能以最明显的形式刺激人的视觉，影响人对空间的审美感受。从一定意义上说，空间气氛设计的成败、好坏，格调的高低、雅俗，可以最直接地从色彩的使用上反映出来。色彩对人的作用比形状、材料对人的更为直接，而且也更为全面，它不仅影响人的一般感觉，更深深地影响人的联想，不仅对人有物理和生理作用，更对人有着强烈的心理作用。所以，我们应注意根据色彩的这些特性来设计空间环境。

①物理作用。一般来说，色彩自身是不受温度、重量、尺度影响的，但是它却能使人产生温度感、重量感、尺度感。如冬天使用暖色易使人感觉增温，夏天使用冷色给人一种降温的效果；浅色给人的感觉轻，深色给人的感觉重；浅暖色比深冷色让人感觉距离上要近。了解了色彩对人视觉和心理产生的影响，我们就可以在设计中利用色彩来调整空间环境，如较小的空间色彩设计得亮一些，会增大空间感，而大空间辅以深色会使空间紧凑。

②生理和心理作用。长时间工作、学习后，看一看绿色可以调节视觉疲劳，使人神清目爽、心旷神怡。康定斯基认为："绿色具有一种人间的、自我满足的宁静，这种宁静具有一种庄重的、超自然的无穷奥妙。"当然，不同民族对不同色彩有自己的认知和感受，因此我们在环境色彩设计中必须考虑到这些因素。

其实色彩本身不含情感、不具褒贬之意，但人们在长期的生活中形成了一些较为固定的象征和隐喻观念，也就使色彩具有了某种情感意味。如暖色可以使人产生紧张、热烈、兴奋的情绪，而冷色则使人感到安定、幽雅、宁静。灰色为中性色，不含任何情感倾向，人们常用"灰色的情调""灰色的世界"形容心境。歌德把色彩划分为主动的色彩（红、黄、橙）和被动的色彩（蓝、紫）。主动色彩能使人产生一种外向的、有生命力的和努力进取的态度，被动的色彩则适合表现那种不安的、温柔的和内向的情绪。

色彩在日常生活中以多种形式起到丰富空间、提高信息量的作用。由于时代、地域及文化等原因，个人的喜好存在着差异，其色彩的评价标准也不断变化，根据与材料的关系及使用目的的不同，对于相同的颜色有时也会有完全不同的评价。色彩是由进入眼中的光的成分决定的，相同的物体由于照明条件的不同，会表现出不同的颜色变化，这一点我们在日常生活中会经常体验到。特别是在人工照明条件下，颜色的选择更要注意，如果光源发出的成分接近于日光，误差就会小些。另外，物体是透明体还是不透明体，表现出的色彩性质也不一样。

商业空间环境主要是为了突出商品、促进销售，空间的基调色彩不能追求过多的变化，需结合空间的用途和特征来设计。色彩设计要有秩序感和统一的格调，在复杂纷繁的商品环境中，杂乱的色彩会使人眼花缭乱，从而弱化商品。色彩处理必须恰如其分地掌握好对比与调和的关系，只有调和没有对比会使人感到平淡而无生气，过分强调对比而无调和则会破坏色调的统一。天花板、墙面、地面是形成空间的基本要素，基调的确定必然要通过它们来体现。一般的构成原则是：天花板采用高明度、低彩度色彩；地面采用低明度、中彩度色彩；墙面采用中间色。在考虑商业购物空间的色彩设计时，尽量不用高明度、高彩度的基色系统构成大面积的主色调。色调的确定不能仅限于天花板、墙面、地面，应该包括陈设家具、装饰等方面，并综合考虑商品自身在内的整体色彩关系，促进商业空间的气氛和谐、统一而富有变化，创造出商业空间特有的色彩韵律与节奏感（图 3-4-1—3-4-7）。

图 3-4-1　运用色彩表情突出空间入口。

图 3-4-2　运用庄重的色彩表情表现异形空间。

图 3-4-3　运用对比色彩装饰重点空间。

图 3-4-4　运用热烈的色彩表情表现和谐空间。

图 3-4-5　运用色彩对比的手段点缀空间气氛。

图 3-4-6 深圳"欢乐海岸"具有个性特色的手工鞋专卖店。通过鲜艳的色彩对比表现空间气氛a。

图 3-4-7 深圳"欢乐海岸"具有个性特色的手工鞋专卖店。通过鲜艳的色彩对比表现空间气氛b。

## 五、光与影的表现

光是标定物体存在状态的视觉要素，同时也是美学形式的基本条件。没有光线，一切视觉现象都不会存在，更谈不上视觉艺术的效果。也就是说，世间万物的形，只有借助光的作用才能表现出来。物体的存在不是孤立的，它总是处于某种光环境下。光有人造光和自然光之分，其中人造光可随意设定多种多样的光源方向，从各种角度塑造形象。光的作用不单是照明，它可以使物体强化、虚化、轻化，产生缥缈、新奇的视觉效果，还具有亲切、温暖的情感色彩，其本身的变化也很丰富，可随意改变，可丰富、可单纯，也可十分柔和或非常鲜艳。光对于改善或升华商业空间环境的艺术气氛有十分微妙的作用，是其他创造手法无法代替的，它可以让环境空间产生变化莫测、美不胜收的意境效果。

同时，和光一起出现的还有"影"，有了光的照射才有影，有了影的烘托才能显现出光。光影是现代商业空间设计中的常用设计元素，对空间的造型、色彩、空间感等都有非常重要的作用。利用光和影的关系，可以把各种空间形态相连接，产生视觉错觉和视觉美感。这些空间形态一般都富有趣味性，在体现空间氛围和塑造空间情感上有着细腻独到的作用。

光的功能是多元化的，对商业空间光环境的设计，在深度和广度上是多层次、多方面的。在保证足够照明的同时，光可以揭示空间，完善和调整空间，甚至改变或划分空间，夸张或调整体量感，强调或改变色彩的色相、明度及纯度等。最主要的是通过这种手段，可以创造某种环境气氛，制造情调，实现特定的构思，完成有意境的环境设计，满足人的心理需求和精神消费。

商业空间中的光影设计不仅仅是照明设计，也是空间作品表达情感的一种方式，同时还具备信息传递功能和空间功能。分析光影在商业环境设计中的美学价值，会对光影产生更深刻的理解，从而更好地利用光影。对光影的表达不应仅停留在物理表象上，它所体现的应该是一种心理反应和情感归属，是更人性化的设计，所以说光影设计的价值远远超越了光影本身之存在。

随着时代的发展和科学技术的进步，我国在商业空间光影设计的技术上取得了较大的进步，除了追求空间展示效果，也注重节能与环保，提倡绿色可持续的照明设计。LED 等新光源技术的出现，给商业空间带来了更灵活、更富有想象力的空间，普通的白炽灯逐渐被取代，光源的选择不再仅仅是模仿和复制，更多新形式的光影表现形式进入人们的视野。比如灯具的迥异造型，与光源密切配合，丰富空间表达；比如光与色的结合，表现出不同色彩的光影效果，冷暖不同的光色效果引发人群不同的情绪变化；比如光影与音乐、动画的结合，视觉效果生动而富有表现张力；再比如通过直射光源来强调需要重点突出的商品等。

伴随信息技术的发展和科学人文的碰撞，无论是光影的表现形式还是设计理念，都有着更为严格的要求。光影需要综合传统人文思想和现代展示技术，为商业空间不断注入活力。例如幻影成像、激光成像、三维多媒体等，又如对液晶电视、LED 屏、触摸屏等先进展示设备的利用，光与影达到一种高度的艺术交融和升华，使得商业空间更具生命力和表现力。实验表明，一只 5W 的 LED 灯与一盏 60W 的白炽灯的光照效果几乎相同，而白炽灯的能源消耗却是 LED 灯的 12 倍。虽然 LED 灯的价格高于白炽灯，但从节能效果来看，LED 灯的优势远远大于白炽灯，正因如此，国家发改委要求于 2016 年开始，禁止销售普通的白炽灯。

在绿色设计思潮日益盛行，可持续发展的设计理念日益深入人心的大背景下，在商业空间的光影设计中应尽量多使用自然光照，将自然光与人造光综合设计、使用，既节能环保，又可将商业展示效果大大提升。

1. 光与影的关系

光影设计不仅具备基本的照明功能，更是现代空间设计中不可或缺的视觉要素。在商业环境设计中，光与影可以使展示物品更具生命力，使商业空间更具感染力，同时还具有信息传递的功能。光与影是造型表现中不可缺少的要素，在空间中，可利用光影设计，提升空间的整体效果，深化空间的深度，丰富空间的表情。光与影还可给静止的空间增加动感，让平静的墙面富有跳跃的色彩，让物体的材质有动人的情感。同时，光影与技艺的结合可以赋予空间更多的含义，在商业环境设计中我们可以充分利用光与影的微妙关系来进行整个空间的调整。

光与影互为因果、互为图底，没有光就没有影，影由光而生，光因影而存在。"孤阴不长，独阳不生"。光线的强度与影的清晰度成正比，与光源的距离成反比。光影的构成艺术主要利用光、影两种元素，结合光的色彩进行点、线、面、体的组合以及明暗虚实的对比。除了"相克相生"，光与影也相互影响和渲染。如人们常看到的影的渐变效果，便是因为影离开物体的遮蔽而吸收越来越多的光产生的效果。

作为空间设计的重要装饰因素，光影对于空间意境的营造给顾客带来不同的情感体验，主要可以分为视觉体验和情感体验（即心理体验）。人的心理感受受光影环境影响，如：色彩浓郁、光线朦胧的咖啡厅，多整体采用温和的暗暗的色调，再将漫反射灯光重点照在桌面，而柔软舒适的座椅处于相对的光线昏暗处，让人感到惬意和放松。这是光影构成的最适合人体工程学的休憩空间，它所营造的环境氛围顺应人的生理和心理需求，这便是光影设计的目标之一。光影的可塑性创造出千万种视觉效果，从而带动人们的情绪变化。由此可见，光影赋予商业空间生命力。

（1）光的空间意境

我们日常所说的光通常指可见光，光作用于物体后表现出不同的层次、明暗效果，或活泼或深沉，或明艳或暗淡。从光源上区分，可以将光分为自然光和人造光。自然光即太阳发出的光，人造光指借助灯具等媒介作为载体的光，可以人为地调节、改变光的明暗、色彩、强弱、方向等，以弥补设计中的一些不足或作为艺术手段渲染空间。光可以透过不同的介质产生不同的视像，给人以视觉上的享受。在现代商业空间设计中，照明技术的发展和时代的进步使得人工光源有了广阔的发展空间。人工光源在商业空间中发挥着越来越重要的作用，并且在商业空间中的运用多于自然光源。

光在表现空间、调整空间的同时也能"创造"空间。这个空间并非真实存在，而是光感在人的心理上产生的空间作用，形成一个围绕光源而产生的场及以光源为中心产生的虚空间。可利用光线来分隔空间，创造多个局部空间，人在其中可无碍穿行，但又能轻易区别不同的空间领域，这也是光空间的独到之处。而空间的大小、气氛的浓淡等感受也可以通过光线的排列、强弱、形状等自由地改变，是一种灵活实用的空间表现形式。

空间设计是围绕人而展开的，满足人们日益增长的审美需求，体现精神意志。光除了满足一些基本的使用功能之外，更为人们创造了一个和谐、舒适、丰富多彩的空间，注重心理与情感的探索。意境是体现空间品质和审美艺匠的重要手段，是空间设计的精髓。营造空间的意境之美，是展示空间的视觉语言与情感语言的首要条件，能使人得到一种精神升华和情绪陶冶。凡是优秀成功的空间设计无不在精神上追求一种韵致，以及情景和意象的和谐统一。"凡书画当观其韵"，这是书画艺术对意境的追寻，这样的美学理论同样适用于光空间，要灵活地运用光艺术和光技术，努力发挥光的美学价值，让人们在欣赏商品的过程中随意发挥创意，品味空间之中的韵致（图 3-5-1—3-5-3）。

空间是有情态的，它的情态依附于不同的客观事物所表现出的不同形态，不同功能决定了它所要传达的空间意向也不相同。空间所要传达的思想文化和人们所期盼的氛围应该是一致的，背道而驰的设计只会让人感到生硬和晦涩。所以，在营造空间意境时，光的使用要采用具体问题具体分析的辩证方法，没有笼统的一成不变的法则，我们所要尊重的只有空间本身。首先，空间的功能性质是空间光影意

图 3-5-1 利用光和肌理表现空间
意境。

图 3-5-2 威尼斯人酒店中水天一
色，模拟室外自然光环境。

图 3-5-3 通过重点光源表现小品的
意境美。

境营造的前提条件。要将空间的功
能意涵与空间氛围相结合，让空间
超越其物质本身而传达一种精神力
量，渲染空间气氛，达到空间功能
与意境的完美结合。其次，空间的
材料和设施是空间意境营造的必要
条件。在空间中有数以万计的装饰
材料，每种材料都有自身的功能属
性，其在光的作用下呈现出不同的
状态，应选择最合适的材料来表达
最完美的效果。再者，综合考量空
间中的光与各种构成要素的关系。

图 3-5-4　利用光影表达意境空间。

这些具体要素构成了空间的整体，它们应张弛有度、主次分明，遵循各自的存在法
则，光需要遵从其规律而存在。光影下的空间意境以审美意象为载体，传承了空间
意境的感性特征，如内涵广阔、无限而深远（图 3-5-4—3-5-6）。

图 3-5-5　通过光表现空间的肌理材质之美。

图 3-5-6　利用聚光表现空间小品的意境。

（2）光的具体表现

①明暗

在光的照射下，可界定出明区与暗区。公共的、热烈的、开放的、正式的、多人的、欢乐的、庄重的活动多在明区，私密的、宁静的活动多在暗区，明暗结合可塑造出"复合光空间"，即明中暗、暗中明空间（图 3-5-7—3-5-9）。

图 3-5-7 美国拉斯维加斯酒店，利用聚光表现空间光影关系。

图 3-5-8 利用光纤维，表现空间的立体明暗效果。

图 3-5-9 利用光影的明暗效果，表现光墙的艺术氛围。

②色彩

不同的色彩给人不同的感受，同时也可用不同色彩的光界定出空间范围，如用不同的光色表现不同气氛的空间（图 3-5-10—3-5-12）。

③形状

光经过光装置能够显示出各种形状，如方形、圆形、三角形等，借助这些形

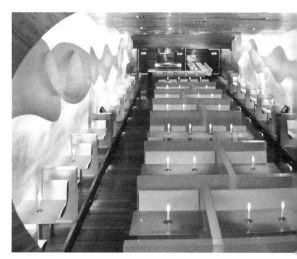

图 3-5-11　通过光表现冷色调空间的气氛。

图 3-5-10　用光体现温暖的色彩表情。

图 3-5-12　通过光表现空间的整体色彩。

图 3-5-13　利用光表现空间吊顶的形状 a。　　　　　　图 3-5-14　利用光表现空间吊顶的形状 b。

状的差异，可进行各种用途的展示。同时，光源可由单一的光束发出，也可由多个光源排列照射出多种构成形式，后者这种照明形式相对要柔和一些（图 3-5-13—3-5-15）。

图 3-5-15　利用光强调空间的构成形状。

④光墙（柱）

一种情况是光照射到不同质感的墙（柱）上可形成不同肌理效果的面；另一种情况是光集中照射，形成看得见摸不着的面，其在视觉上有形、有色、有体量，但实际并不存在，是一个虚体，是由光线构成的三维的存在，占据光源与底面之间的空间，所以空间效果鲜明、显著（图 3-5-16—3-5-19）。

⑤光空间

没有实体围合界面，完全由光束构成的空间是虚的。现代高新技术借

图 3-5-16 利用光墙丰富空间的层次关系。

图 3-5-17 利用光墙表现墙体的空间层次关系。

图 3-5-18 运用光表现墙的纹理效果。

图 3-5-19 通过光表现柱体的空间关系。

助全息摄影，能在空间里制造虚幻空间，引人注目。

除此之外，光的艺术表现还有点光迹，由点光源的运动形成，可塑造空间气氛，如灯牌、霓虹灯等。

在光对空间环境的照射中，往往直接照射的强光明亮清晰，空间有开阔感；间接照射的光柔和均匀，空间有层次感；吸顶灯从上往下照射，使空间显得高远而紧凑；全露的光，使空间敞亮；半掩的光，使空间明暗虚实相映成趣。采用白炽灯，产生的暖光使空间显得温馨如春；荧光灯，使空间显得安宁、恬静；转动的棱镜折射出的五彩光，则使空间光影斑斓，欢快跳跃，极富欢乐情调。

商业空间的光照，首先要满足商业功能的需要，一般情况下多借助于功能照明灯具白炽灯、荧光灯而达到一定的照度，并辅以基本的照明；其次在重点的地方和展示性的空间中，辅以装饰照明，用射灯、聚光灯、轨道灯、吊灯等，突出商品的个性形式，表现商品的纹理、材质、色彩及立体感，起到强化作用。不同的商品有不同的光照要求，如平面陈列的商品，要求光照均匀、柔和，以漫射光面光源为最佳；立体型商品，则要求有一定的角度投射，以直射光、点光源为好。但无论在什么情况下，都应避免眩光直接射入人眼。

（3）影的艺术表现

影是指人或物体因挡住光线而投射的暗像，或因反射而显现的虚像。影有阴影、投影、透影、映影等各种类型。影的外形是与事物本身一致的，影依附于事物本身，并延伸出自己的形态。日常生活中，我们经常见到一些影，如人在太阳底下身体投射到地面的阴影、灯光照在餐桌上形成的阴影，于是影有了实实在在的存在。我们惊喜地发现，利用光与影的关系可以创造千变万化的造型艺术，为空间增加审美意匠。展现空间的"光"的艺术设计过程，其实也是"影"的艺术设计过程。

安藤忠雄说过："在我的作品中，光永远是一种把空间戏剧化的重要元素。"在光线的照耀下，阴影神秘低沉，赐予空间生命和活力，因此影也代表着一定的精神需求。

影艺术必须有光源、介质、承影面三个基本要素，中国园林讲"粉墙树影"，其中粉墙即承影面，树即立体的介质，加上光源，共同构成独具魅力的影艺术。光源是影的基础，其强弱、色彩、位置、数量、动静状态等，对于影均会产生很大影

响；介质决定影的内容、形态；承影面的形态、大小、动静、材料、色彩、角度等
也影响着影的形象。

影在商业空间中有着独特的艺术表现性。影在空间中的表现力体现在空间的
环境与气氛上，作为光的反映，影可以有千万种表情和形态，赐予空间和物品生命
力，令其充满奇特而神秘的幻想。在一个成功的商业空间中，光和影相互共存，甚
至转化、变动（图 3-5-20—3-5-21）。

图 3-5-20　通过太阳的东起西
移，室内形成光影变化的动感
空间。

图 3-5-21　室内建筑结构产生
的影。

（4）影的表现形式

① 放大性

由于投影角度的关系，介质的形象投影到承影面上时将被放大。

② 轮廓线造型

对于不透明的介质来说，其投影依赖于介质的轮廓线。

③ 叠加原理

运用介质的叠加性，可将数层介质进行全部或局部叠加，营造出特殊效果。

④ 光影互补

光与影是互补要素，二者各自形成的图形之间是反转的，影可用光来调节，而光亦可用影来丰富。

商业空间中，对影的运用较多。如在娱乐场所中，常见变幻、跳跃的光圈或光影变化；在中庭景观中，常见自然水景中对倒影的利用，以及一束由顶光照射到墙面的树影等，把空间渲染得神奇、肃穆。

光与影的艺术具有美学功能和心理效应，能使空间环境更具迷人的魅力。

（5）灯具的艺术形式

灯具对商业空间的气氛塑造也起着重要作用。灯具形态各异、材质多样，本身就是一种艺术品，可被看作发光的雕塑。灯具是使商业空间生机焕发的重要媒介体，不同的商业环境需根据空间功能，配合环境精心设计，创造出形式新颖、丰富多样的灯饰作品。

灯具的运用大致可以分成 3 种形式：平面形式、立体形式和空间组合形式。

灯具离不开光和影，光与影的产生与变化是指通过使用一些图案和色彩，使人充满视觉喜悦。灯具的韵律感主要来自自身的造型特点或者图案构成，可以通过灯罩的不同图案产生不同的光影，带给人们不同的情绪体验，让空间得到更好的表现。

灯具已经不仅仅是简单的照明工具了，而成为塑造空间光影效果和情感体验的重要手段。

灯具制造的光和影会让空间充满人情味，人对灯具和灯光有着一定的心理寄托，光与影的变化则会强化这种依托感。灯具是具有生命力的，除了自身的造型形式，光与影所折射出的感染力也让灯具充满着生命的亲切感，这是一种持续的力量，是一种激励与精神。

（6）灯具的具体运用

①平面形式

由点、线、面光源，按功能组成各异的形态，满足空间照明要求；另一种为灯画，把灯当作一种可以发光的颜料来创作平面作品，多用于商业外环境（图3-5-22—3-5-23）。

②立体形式

具有立体构成和雕塑的特点，灯具使用的材质多种

图 3-5-22　灯具的图案艺术。

图 3-5-23　拉斯维加斯酒店中吊顶荷花叶造型的灯具。

多样，有玻璃、钢、铝、竹、木、纸、皮等，制成色彩、肌理、形态不同的各种造型。如吊灯，悬于空间中央，既划出了空间中心，又装饰了空间中心。还有中国传统的"宫灯"、日本的"竹灯"等，都是高雅又具有民族特色的灯具艺术品，能够塑造具有文化气息的空间。除此之外，还可以用灯具组合成雕塑（图3-5-24—3-5-30）。

图 3-5-24  组合灯具与镜面材质的投影形成双重空间艺术表现。

图 3-5-25  阿联酋阿布扎比酒店中央的灯具造型。

图 3-5-26  灯具的形式与空间整体效果。

图 3-5-27 上海新世界大丸百货以灯具的组合形式照亮
销售空间。

图 3-5-28 上海新世界大丸百货茶餐空间灯具的艺术
表现。

图 3-5-29 上海新世界大丸百货交通节点以重点照明来
表现空间划分。

图 3-5-30 与空间中的家具相统一的灯具照明形式。

③空间组合形式

灯具作为限定空间的要素，其所围合、塑造的空间形象是欣赏的主体，而不是以灯具自身的形式为重。灯具可随意在平面和立体中组合，围合成具有特殊意味的空间。如人民大会堂顶部小灯的组合，使空间生动、气派，表现出一种向心性、团结性（图 3-5-31 — 3-5-34）。

2. 光影艺术与技术

艺术往往具有超前的思维和活跃的灵魂，需要一些技术来支撑。而艺术和技术其实是相辅相成的关系，新的技术促进艺术的发展，艺术的发展又为技术提供指导。

技术和艺术使得光影艺术的表现形式更加多样，表现内容也更形象生动。在信息技术高速发展的时代，其为光影艺术的表现提供了更大的发展空间，在提高效率、提升表现力的同时，也实现了可持续和低浪费。光影利用与材质、色彩以及声音等手段，将其完美结合，互相融会贯通，达到了更好的艺术表现效果。技术的发展为光影空间艺术的发展提供了更广阔的平台，尤其在绿色环保低碳设计的思潮感应下，人们对光照提出了越来越高的要求。

（1）光影艺术与材质的关系

质感是指人对材质所表现出来的真实感受，是材料表面的构造、色彩、光泽、透明度、质地、纹样等给人的综合感受，如轻重、冷暖、软硬等。质感本身也是一

图 3-5-31　灯具的艺术表现形式。

图 3-5-32　灯具以整体形式来重点照明展示空间。

种艺术，合适的质感可以让物体以最佳姿态展现出来。物体都具有表层肌理，肌理的质感带给人的视觉感受中夹杂着心理联想。不同的材料表面纹理也不一样。材质的质感是通过光照到材质表面上的纹理加以识别的。材质表面的纹理千变万化，需要通过光影来对其进行可识别的塑造。光影是各种纹理显现的前提，是保证材料美感和质感的先决条件。 我们经常将光影与材质结合使用，除了能发挥材质本身的质感效果以外，还可以延伸出别样的质感效果，甚至弥补材质本身的一些缺陷和不足。光影作为空间的重要组成部分，光与影缺少哪一部分都会使材质显得苍白无味，整个空间与

图 3-5-33　吊顶灯具与空间平面上下组合形成统一形式。

图 3-5-34　用灯具的点线形式来表现空间气氛。

图 3-5-35 光线下铜材质吊顶的华丽气氛。

图 3-5-36 柔光下地毯柔和的整体效果。

光影、材质都是相互联系、相辅相成的。没有光影的材质是缺乏生命的，如光滑的材质将光线反射能创造出镜面般的效果，粗糙的原石材质在光线下会创造出棱角分明的雕塑效果（图3-5-35—3-5-36）。

任何材质都具有肌理和轮廓，正是由于光的存在，才使得各种材质显示出相同的肌理特性，为商业空间增添色彩。商业空间以视觉展示为主要途径，传播的是艺术的、形象的、技术化的视觉内容，而材质是视觉传播中最为直观的物质。在光影作用下，材质可以是锐利铿锵的，也可以是柔和温婉的。光影与材质的对接，丰富了视觉，让空间绚丽多彩。

装饰材料拥有自身的光学性能，根据空间需求，可将不同的光照和材料进行组合，以达到较为理想的空间效果。光学性能是指材料对光的反射、漫射和折射性能，大多数材料都兼具几种光学性质，属于混合反射型材料，比如玻璃、木地板、大理石等，只是由于各自本身的性能不同而表现不同。材质按照各自的光学性质可以分为透明、半透明和不透明几类，指的是光线照射在材质上被吸收、反射和折射的不同表现。材料的透明度越高，透光性能就越好，比如玻璃中光线可以随意穿梭产生很好的视觉效果；材料的反射率越强，材料表面的反光就越强，比如不锈钢镜面便属于此类。材料是空间肌理的表达，合理地运用材料可以展现商业空间的魅力。材料除了自身的视觉效果和质感，更多地是通过光影来呈现的。在光影条件下，材料显示不同的颜色、质地和肌理，通过光影介质而有了生命，被感知和表现，与光影、空间等有了交流互动。

在商业空间中，对材质的感知是一个多方位的体验，是触觉、视觉等的综合感受，材质的使用也并不完全在于材质本身的属性，可以通过其他的力量使它变得更具视觉感和触感。而光影的使用就是最常用的、最重要的增加材质美感的方法。光在空间中遇到各种材质时，其作用会因为材质的不同属性而产生不同的效果：一部分被吸收，一部分被反射，一部分被折射。这都对材质的外观形象有着直接的影响。不同肌理的材质也会随着光照而突出或者减弱其本身的质感。在商业空间设计中，实际的需求是提升商品形象和品质感，为消费者提供轻松愉悦的购物环境，促进商业消费。因此，商业环境的空间应为一种享受型空间。在商业展示空间中，材料的作用是极其重要的，商品的表现力很大程度上受空间材料的影响，尤其是一些实体材料，比如木材的原木性质、玻璃的透明质感、金属的光泽感。随着时代的发展，人们对审美的要求越来越高，商业空间展示不仅仅体现在实体材料的表现中，还应注重其对商品的衬托和所形成的空间心理感受。我们可以利用光影的投射达到突出商品的效果，把光影当作一种特殊的材料来表现商业空间的环境气氛，使商业空间更具有感染力和艺术表现力（图 3-5-37 — 3-5-39）。

（2）光影艺术与色彩的关系

色彩是人的视觉神经系统所产生的一种感觉，色彩和光是相互依存、相辅相成的关系，两者缺一不可。色彩的搭配设计是商业空间设计的重点之一，在空间中强

图 3-5-37  通过暖光源表现空间
材质肌理。

图 3-5-38  通过光表现玻璃与通透
空间的形态。

图 3-5-39  金属、抛光石材、地毯
和其他纺织品材质在光影环境中的
特征。

化主体、渲染气氛，是让商业空间变得丰富多彩的有效手段。以上这些都需要依靠光的力量表现出来。色彩通过光影作用于人的视觉和心理，影响消费者的判别和思维，帮助商业空间呈现出缤纷多变的姿态。

由于光照的角度和强度不同，同一颜色所呈现出的实际颜色也不相同。通常情况下，受光面的颜色纯度相对较高，色彩比较饱和；背光面的颜色纯度相对较低，色彩就相对晦暗。同时，不同材质在同一光照下颜色变化也不相同，一般木质材料对光的吸收和反射比较均匀，所以本色改变得就不多；不锈钢镜面对光的反射较多，所以色彩的固有色改变得就比较多，甚至看到的都是映照出的物体的颜色。

色彩具有情感功能，能给人不同的心理暗示：冷或暖，悲伤或喜悦，奔放或婉约，它是一种意境。在加入光影后，色彩就变得更具魅力了。光影和色彩是一种互动的关系，从而造成不同的视觉效果和心理感受。不管空间是什么样的展示风格与格调，都离不开光影与色彩的结合，这样才能领略空间中光影与色彩的层次和韵律美。

人工光影与色彩的搭配使用不是任意的，它们之间要形成协调和互补的关系。色彩在商业空间中起着重要的装饰作用，光影和色彩的协同作用，带动着空间气氛的变化。比如一些娱乐空间经常通过光影交错来加重暖色调，空间呈现出欢乐、活跃的气氛；在餐厅中，可以运用隐匿的光源，并结合色彩设计，避免光线的直接照射所带来的刺激，给人创造安逸放松的用餐环境；儿童专卖店、游乐场所用光一定要明亮，色彩要鲜艳丰富，同时光影效果要实；男装专卖店用光要自然一些，影也要柔和一些，色彩也相对要简单大方。通过灯光与颜色的融合，"光色"将空间带入一个色彩斑斓而又富于变化的境界，使空间形象更加饱满、更富张力。如何将光影与色彩结合使用，是商业空间设计中值得考虑和研究的（图 3-5-40—3-5-42）。

每种颜色都有自己的个性和格调，色彩的运用让光影更有质感和真实感，光影也再现了色彩的丰富层次。借助于光影效果和心理效应，色彩更能刺激人们的视觉神经和心理感受：白光的纯净与透彻，蓝光的冷漠与犹豫，红光的热烈与奔放，紫光的高贵和冷艳，黄光的华丽与华贵……光色基调不一样，色调所表现出来的效果也会变化。如在白色基调的环境中，绿色表现出的是生命力和活力，给人以清新、活力的感觉；在蓝色基调的环境中，绿色表现出诡异、神秘的感觉。色彩本身便具有极好的表现力，加以光影辅助的作用，色彩的功能将更好地表现出来。唯有将光

图 3-5-40　光影表现材质肌理的色彩关系。

图 3-5-41　光影表现色彩的对比关系。

图 3-5-42　光影表现和谐的色彩氛围。

影与色彩完美结合，才能最大程度地发挥商业空间的魅力。

(3) 光影艺术与空间构件的关系

空间是由一个个空间构件构成的，它们是统一存在的整体。不管是自然光线还是人工光线，要想更加突出其光影效果，空间构件是必不可少的手段之一，它丰富了光影的语言。光影可以使封闭的空间不那么压抑狭窄，从而拓宽空间的范围，或使得空间更温馨、私密，或在开阔的空间中起到界定空间、划分区域的作用。过于平板的物体产生的光影无法使空间活跃起来，这时利用空间构件的形态可以产生丰富的物影，让空间变得活泼欢快起来。空间中的一些构件，如花草、桌椅、装饰物等，均是比较灵活的光反射物体，由于它们的存在，空间的整体格调丰富多变，蕴含动感。空间中的光影和颜色有很多都是表现在空间构件上的，在商业环境设计中，要首先确定空间基本基调和重点，然后可充分利用空间构件与光影进一步雕琢空间的氛围（图 3-5-43—3-5-46）。

图 3-5-43　光影与空间构件结合。

在商业空间中，光影的优势在于可以灵活地表现空间构件或虚或实的动态美与层次美，创造出多重空间，其所承

图 3-5-44　灯具与空间形式结合。

图 3-5-45　空间结构与光影结合。

图 3-5-46　灯具与空间吊顶构件结合。

载的具有美感的实用功能，使得商业空间为顾客呈现出不一样的精彩。

光影是广泛运用于商业空间设计中的一种设计手段，得益于其灵活、多变、自由，一直以来在商业空间中被委以重任。

光影是商业空间中传递信息的重要途径，形式各异的光影创造了许多前所未有的视觉语言，带来更多前所未有的心理和情感体验。光影设计与材质、色彩和空间构件等的完美结合，带来更丰富的应用，在未来的空间设计道路上，光将会展示出更宽广的发展前景。

## 六、重点设计

重点部位是指在设计中有意识地突出或强调的部分，它使主、次拉开距离，形成引人注目的焦点。对重点部位的处理是为了强化室内空间的中心和主题。

在一个有机统一的整体中，各组成部分是不能不加区别而一律平均对待的，应当有主与从、重点与一般、核心与外围组织的差别。否则，各要素平均分布，被同等对待，即使排列得整整齐齐、很有秩序，也难免会过于松散，单调而失去统一性。处理好主与次、重点与一般的关系，可使整体关系更加紧密。

从心理学分析的角度来看，视觉中心即注意力集中的对象。在设计中应注意视觉中心的诱导。空间形态及器物均有色、质、形，有内容和精神含义，在室内空间形成一定的关系。它们的组合在视觉上必然会出现主与次、中心与周围、精华与一般、实与虚等区别，也在设计形式上出现高潮与平淡的节奏感（图 3-6-1—3-6-3）。

在商业空间，人们置身于缤纷的商品、熙攘的人流中，这时人眼在视点聚焦、捕获某一目标后，才会被吸引前往。这个目标可以是入口、流线通道、安全出口，也可以是商品销售展示区、顾客休息处等。这些区域需要明确地被突出设计出来，才会使顾客在购物活动中自

图 3-6-1  商业空间中对照明进行重点设计。

图 3-6-2  商业空间中对照明进行重点设计的效果图 a。

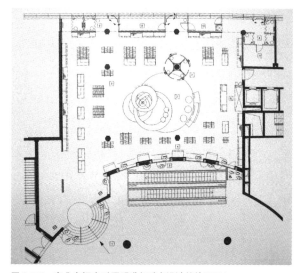

图 3-6-3  商业空间中对照明进行重点设计的效果图 b。

图 3-6-4　美国拉斯维加斯酒店大堂中进行的重点设计。

然而又有序地活动，达到休闲购物的目的。

对商业空间的不同重点部位，应根据特点使用相应的设计手法，如：流线的贯穿统一，富有个性的标志、指示牌、广告，门厅与重点区域的地花、灯具的造型变化，中庭景观设计，商品展示区设计，公共流通空间的墙饰艺术、雕塑等。吸引顾客，使顾客对商业环境及商品感兴趣，是商业空间设计中时刻要考虑的内容，从而为进一步更好地推销商品起到关键作用（图 3-6-4）。

展示活动是传递信息的一种方式，作为宣传商品的一种手段，它比其他形式更直观、更直接，有声有色、有形有味。展示空间有别于其他室内空间，其以新颖的造型、独特的构思、别致的材料、个性的色彩共同塑造出神秘的感观空间，使顾客带着好奇的目光去品味商品。

商业展示首先要了解产品的品牌定位，然后去帮助树立商品的品牌形象。商品展示的形式是丰富多样的，但都必须做到形式与内容的统一，艺术与科学的统一，设计形式与风格的多样化，创造出具有时代感的空间展示形态。设计者应对商业空间中的各种商品，按照一定的规律，有机地组合成为一个整体，使各区域既有变化，又有统一。商业空间对和谐统一的追求，是设计的一般规律。

空间形态是千变万化的，有的具有现代感，有的蕴含古典美，有的质朴无华，有的富丽华贵，为了使空间的整体感与商品品牌契合，使相似与不同的各部分之间

图 3-6-5　深圳东部华侨城海洋馆纪念品商店的重点设计。

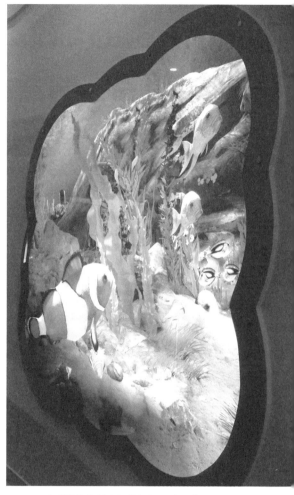

图 3-6-6　深圳"欢乐海岸"海洋主题的重点设计。

图 3-6-7　深圳东部华侨城海洋馆壁面重点设计。

组合出悦目的一致性，就需要我们认真选择与取舍，在统一中蕴含重复、渐变、变异等形式元素的变化，做到重点突出而形式丰富，在多变中求得有机统一（图 3-6-5—3-6-7）。

第四章 | Chapter 4
# 商业空间与互动体验设计

　　商业空间的互动体验设计是一个崭新的研究领域。随着时代的进步，当今人们的消费方式也发生了重大变化。体验经济的来临，使消费者购物的过程已不再是简单地购买商品，而是将其作为一种休闲的、更广阔的参与性的体验消费。与此同时，互联网技术的繁荣，数字媒体技术的发展，使商业环境中实现丰富的互动体验型消费，吸引更多的消费者前来休闲娱乐，延长消费者在商业空间的滞留时间，从而促进消费。

## 一、体验式消费

　　随着生活水平的显著提高，人们的需求也在不断提高。人们的消费购物行为，也不再是传统意义上的购物行为，当代人更多地倾向于强调体验过程。为吸引消费者，商业空间往往会设计各种大众喜闻乐见的体验项目，有活动就会有人气，进而调动整个商业空间的气氛。所以将互动体验设计融入商业空间设计，恰好迎合消费者当下的心理需求。

### 1. 体验式消费的概念

　　体验经济这个概念是美国学者派恩与吉尔摩于 1998 年在其出版的《体验经济》一书中首次提出的。书中他们明确地指出了体验经济是继农业经济、工业经济、服务业经济之后的又一个新型经济发展形态。他们同时认为，"体验"是继产品、商品、服务之后出现的又一个新的经济提供物，是未来经济中新的价值源泉。在《体验经济》这本书中，他们认为："当企业有意识地以服务为舞台，以商品为道具，使消费者融入其中，体验就产生了。"[1] 概括来说，体验经济包括几个要点：首先，能够创造体

---

[1] 约瑟夫·派恩二世、詹姆斯·H.吉尔摩著，夏业良、鲁伟等译：《体验经济》，北京：机械工业出版社，2008 年。

验；其次，以消费者的身心体验、感受状态为品质；再次，用体验的价值来获得经济报酬。对体验经济来说，有代表性的例子如休闲娱乐业，好莱坞影视、迪士尼乐园、澳门博彩业，等等。

体验经济作为一种新型经济，可总结归纳如下特征：

第一，体验经济的生产过程周期性短，消费过程持久性长。

第二，体验的产品是无形的，主要向人类的精神层面提供产品，从某种意义上讲，体验的产品是有存储性的。这种体验对人的精神层面影响较大，体验的目的就是给人以难忘、美好的感觉，这种体验会较为长久地留在人的记忆中，所以说体验产品具有存储性。

第三，消费者直接参与体验经济的生产过程。

第四，体验经济提供的产品带有异质性。农业经济、工业经济、服务业经济提供的一般都是标准化的产品，而体验经济所提供的是一种心理感受。这种心理感受会因体验者的不同而不同，体验的差异性是体验经济的灵魂。也正因为存在这种差异，为满足不同个体的需求，才可以"量身定制"相应的"产品"。

第五，体验所形成的"体验的价值""体验的结果"以及"体验的感受程度"等，决定着体验的市场价格。在体验经济中对于生产者来说，具有竞争力的产品就是某种"特有的感觉"，而这种特有的感觉能够满足消费者精神方面或情感方面某种高层次的需求，消费者为满足这种高层次的体验需求而支付费用。美国的未来学家 A. 托夫勒曾指出，未来将会朝着体验生产的方向发展，从满足物质需求向满足精神需求过渡，消费需求从使用层次转向体验层次是一种必然选择（图 4-1-1—4-1-2）。

在传统消费中，消费行为的主要目的是为了购物，而逛街这一行为活动是为了完成购物而计划出的，一般情况下消费者通过比较商品实现购买行为。但伴随着消费需求的不断提高，休闲、娱乐等元素逐渐融合到了商业空间中。在这种情况下，开发商和消费者同时关注到了商品的体验性设计。在体验经济中，消费者的消费行为变得更加个性化和感性化，更愿意追求新奇和刺激，以及追求物质和精神的双重满足感。人们的消费行为也渐渐从购买有形、具体的商品转向花钱仅仅为买一种感觉，体验成为一种消费品。

如果对体验式消费进行细分，可以分为消费体验与非消费体验两大类。

购物、餐饮属于消费体验。人们在购物时游逛于各个商店，同时与伙伴聊天、坐

图 4-1-1 深圳"欢乐海岸"
体验式厨房。

图 4-1-2 体验式厨房可以
让消费者直接参与烹饪制作
过程。

下休息，欣赏喷泉、音乐等，从容地购买自己想要的商品。在这些停歇、娱乐中，人们的疲劳得到缓解，心情得到放松，并能更好地继续购物。而商场中的这种休息、聊天、欣赏喷泉和音乐等行为，都为非消费体验，非消费体验是体验式消费极为重要的组成部分（图 4-1-3—4-1-5）。

商业中心的内外空间环境都是发生非消费体验的场所，对于内外环境的营造应注重独特性、个性化，将人在其中的所有行为重新考虑。随着科技的发展，在商业

图 4-1-3 茶餐厅中的互动体验
式消费。

图 4-1-4 集餐饮、休闲聊天于
一体的体验式消费空间。

图 4-1-5 美国拉斯维加斯威尼
斯人酒店中集会式的体验式消
费空间。

空间中进行让消费者与商业空间发生互动的体验设计，给消费者带来美好的互动体验经历，已经成为体验经济时代的设计趋势。

2. 体验式消费行为与动机

在体验经济的时代，商业空间环境是体验消费的一部分，它也成为一种被消费的商品，其环境的价值通过消费者的使用来体现。因此在进行商业空间环境设计的时候，必须考虑消费者自身的行为特征和心理需求。

消费者的行为分析在商业营销领域非常重要，它能给相关政策的制定者或管理者指出方向，让管理者、经营者更清楚地知道消费者是怎样进行购买选择的。特别是行为学中关于消费动机、消费者决策、购物的体验过程、消费情境等的研究常被使用，对创造精彩的体验环境、聚集人气、提高顾客满意度、拉动消费等都会起到巨大的推动作用。

任何活动都是由一定的动机所引起的，消费动机有内因和外因两个条件：内因是根本需要，外因是诱导因素。

"消费者的消费动机主要是由人的好奇、喜好、快乐等一些情绪所引起的，主要由几个方面组成，包括求美、求新、求实、求名、癖好、好胜等动机。"[1] 一般来说，动机具有不稳定性和冲动性。而很多动机受环境的影响就会进一步刺激消费者产生购物的欲望，所以设计师在进行商业环境设计时，要对消费者的心理动机进行细致的分析，通过不同氛围的营造刺激消费者不同的消费动机，从而拉动消费。

3. 空间环境与消费情境

当消费行为发生时，消费者周围的即时环境因素组成了当时的消费情境，这些环境因素包括社会环境、物理环境、购买任务、购买时间、当前状态等。物理环境就包括我们所研究的商业空间的内外环境，可通过人与环境的互动，如听觉、视觉、触觉、嗅觉等来影响消费者的感受和体验。同时，物理环境还包括消费空间的背景音乐、拥挤感以及消费空间的氛围等，这些同时作用于消费者，影响消费者的购物心情。

消费情境是多种多样的。研究发现，消费者的行为与当时的消费情境有着密不可分的关系。研究人员曾对人们的用餐时间—消费者行为与背景音乐—消费情境

---

[1] 冯绍群：《行为心理学》，北京：学苑出版社，2002 年。

进行分析，表明音乐的节奏会影响用餐人员的用餐时间：用快节奏的音乐做背景音乐，用餐人员平均 45 分钟用餐完毕；而当用慢节奏的音乐做背景音乐时，用餐人员平均 56 分钟用餐完毕。所以，消费情境——音乐节奏的快慢可以影响消费者的停留时间。对于购物空间来说，消费者在购物空间逗留的时间越长，将有可能购买越多的商品。所以，在进行商业空间的互动体验设计时，要充分考虑到消费情境的影响作用。

空间中的拥挤感是由空间中人数的多少和空间的大小两方面共同决定的。如果空间有拥挤感，就会对消费者的购物行为产生消极影响，在心理上造成不安。所以在进行商业空间内外环境的设计时，要对空间进行合理的布置，尽量使空间中的人流密度始终保持在舒适的范围内。

空间中的气味也能够对消费者产生一定的影响。研究人员指出，消费者愿意回到气味芳香的商店进行购物，但是气味应让消费者闻上去舒服。所以在进行商业空间中的植物搭配时，对植物的气味也要进行相应的考虑。商业环境的氛围设计同样能够影响消费者的逗留时间。

## 二、互动体验设计的分类

互动体验设计可以分为两个大类：一类是感官型的互动体验设计，另一类是行为型的互动体验设计。

### 1. 感官型的互动体验设计

人通过自身的感官系统去感受周围环境的刺激，这些感官包括触觉、视觉、听觉、嗅觉、味觉。人对事物的最直接的初步判断与认知，就是通过这些感官进行的。

在商业空间的内外环境中，互动体验设计逐渐得到了设计师的青睐。设计师不再仅仅将视觉作为设计的重点，而是将多种感官体验同时融入到商业空间中，将体验设计得更加全面和细致。下面对几个感官类型的互动体验设计进行简单的概括，以便帮助读者更好地理解互动体验设计。

### （1）视觉体验

视觉体验在所有的感官类型中是排首要位置的，设计的过程中不能忽视形式美法则的影响，如空间造型的比例和尺度、节奏和韵律、对比和均衡等。对于感官型的互动体验设计来说，空间造型非常重要。除了造型，色彩也是不可忽视的视觉元素。比如红色给人欢快、热闹、喜庆的感觉，在视觉上非常醒目跳跃，带有一定程度的刺激性；绿色给人舒适、安静的感觉，象征着生命和希望，大面积的绿色能够让人产生春天般的清新感（图 4-2-1—4-2-4）。

图 4-2-1 美国拉斯维加斯酒店中，视觉和触觉相结合的感官型互动体验。

图 4-2-2 露天娱乐创造迷人夜景氛围，给人们带来愉悦的互动体验。

图 4-2-3 夜景酒吧中，娱乐、表演、视听相结合的互动体验消费。

图 4-2-4 金属反光的镜面效果，引发视觉上的互动体验。

（2）听觉体验

在商业空间中，声音能够营造环境氛围和意境，音量的大小、音调的不同以及声音节奏，都会给消费者带来不一样的消费体验和心理感受，音乐所表达的意境也能够让消费者联想到相关的情境，使消费者在心理上产生一种时空的变化。如欢快的音乐能够让人感到热闹和喜庆，十分适合节日使用；舒缓、悠扬的音乐会使人平静、轻松，十分适合做公共场所背景音乐。在商业空间的内外环境设计中，设计师应该巧妙地运用声音，感受声音的魅力，让声音充分点缀空间，为消费者营造美好的听觉体验（图4-2-5—4-2-6）。

图 4-2-5 中庭广场中，视觉和听觉相结合的感官互动体验空间。

（3）嗅觉体验

嗅觉体验不同于以往的视觉体验和听觉体验，更加神秘，也要求消费者更加敏感。它主要通过气味的精心营造，使消费者利用嗅觉对事物产生感受和认知。现代商业空间力求调动消费者的所有感官，营

图 4-2-6 美国拉斯维加斯威尼斯人酒店中，视觉和听觉相结合的感官互动体验，表演性场所。

造一个全方位的互动体验。上海世博会的法国馆就以嗅觉为主要的体验元素，消费者能够时刻闻到各种气味，通过嗅觉感受法国的浪漫文化。这种嗅觉的体验设计同样可以应用到商业空间的内外环境设计中，如面包房故意喷放的面包香味剂、美容场所的香氛设置。

（4）触觉体验

触觉体验在互动体验设计中的应用范围相对较广。外界的压力、震动、温度等都能刺激消费者身体的直接感受。消费者通过触觉体验，能真实地感受到环境和物品。当今触摸技术水平不断得到提高，触摸体验的感受更加多样、方便和真实，能有效调动人们的情绪。如咖啡馆厚实的皮座沙发、游泳馆清凉防水的塑料桌椅等，给人触觉上带来恰当的相应场所体验。

如果设计师在商业空间的内外环境设计中能巧妙地运用这些感官元素，将为消费者带来身体与精神的双重震撼，从而调动气氛达到互动消费的欲望。

2. 行为型的互动体验设计

行为型的互动体验就是消费者的身体直接参与互动的过程。在商业空间的内外环境设计中，设计师通过一定的手段让消费者与空间环境或者是空间中的物品发生互动关系。行为型的互动体验不同于感官型的互动体验，后者属于单项的传播体验，而行为型的互动体验是人与商业空间中的环境设施的双向互动，达到双向的交流，让商业空间的内外环境更加具有趣味性、娱乐性和参与性（图 4-2-7—4-2-9）。

图 4-2-7　美国拉斯维加斯酒店大堂设置着消费者可以参与的行为型的互动体验设施。

图 4-2-8　娱乐行为型的互动体验场所设施。

娱乐游戏厅是商业空间中行为型的互动体验设计所常用的设计手段。商业空间中，游戏的互动体验设计因带有一定的趣味性和娱乐性，能够自然地吸引消费者参与其中，让消费者体验互动过程带来的喜悦。

行为型互动体验的实现在很大程度上依赖于数

图 4-2-9　深圳海上世界儿童游戏行为型的互动体验场所。

字媒体技术的发展，因为很多互动形式都是通过技术来实现的，包括互动投影、互动水景、互动音效等。

### 三、互动体验设计的特点

在《体验经济》一书中，作者根据人们参与场景和融入场景的程度，将体验分为娱乐、教育、逃避、审美四个方面[1]。如果一种体验包含四个方面，那它就是一种丰富的体验。下面将从这四个方面入手，解读商业空间如何为消费者带来不同的互动体验。

第一，娱乐方面，我们称之为娱乐体验。这是一种初级的体验，它在人类出现的同时就出现了，是一种古老的体验。而在当代也依旧是一种亲切普遍的体验。不管是积极主动参与还是被动参与，人们都会感受到不同程度的欢乐。如在商业空间公共区域设置娱乐设施，以及参与性、互动性比较高的活动等，它们都是实现娱乐体验的方式。

第二，教育方面，我们称之为教育体验。教育体验与娱乐体验不同，融入了体验主体更多的积极参与性。在商业空间，教育体验不只是那种坐在教室里单纯听

[1] 约瑟夫·派恩二世、詹姆斯·H.吉尔摩著，夏业良、鲁伟等译：《体验经济》，北京：机械工业出版社，2008年。

老师讲解的体验，更多地是吸引消费者主动参与、积极了解的一种体验。在这种教育体验中，消费者的参与方式由被动变成了主动，参与性大大增强，此时消费者既可以是活动的制造者，也可以是活动之外的观看者。而不管是作为制造者还是观看者，这一过程中消费者的精神在场景的融入程度上很高。所以教育体验和娱乐体验是可以结合的，达到寓教于乐的目的。

第三，逃避方面，我们称之为遁世体验。"遁世"在《现代汉语词典》中的解释为"避开现实社会而隐居"。在商业空间的体验设计中，遁世体验是一种让人着迷的体验，它是一种沉浸式的体验。典型的遁世体验有迪士尼乐园、真人 CS 等。遁世体验可以分为两种类型，一种是消费者沉浸在某件事情中，另外一种是消费者沉浸在某种环境中以寻找一种隐私感，消费者甚至不需要参与什么活动，只要进入这种环境就满足了。第二种似乎看上去没有第一种遁世体验的积极性高，但这并不能代表体验的程度低。比如有人喜欢在安静的环境写文章，有人喜欢在喧闹的环境写小说，有人喜欢在阴雨朦胧的环境中漫步等。

第四，审美方面，我们称之为审美体验。它是体验的最高级别，相对前几种体验，这种体验的获得要难一些。

在现代商业空间内外环境中，互动体验设计具有如下几个特点：

第一，具有双向的互动性。商业空间内外环境的互动体验设计要有消费者的实际参与才能够实现作用，它改变了商业空间内外环境的传统的设计方法，将互动体验设计融入其中，使消费者对空间的设施和环境有近距离的接触和了解。

第二，强调消费者的主动性。商业空间互动体验设计的主要目的就是为了吸引消费者，所以在设计的过程中要以消费者为中心，改变原来的被动融入模式，让消费者发自内心地、积极主动地参与互动。

第三，引导消费者发挥想象力。在商业空间的互动体验设计中，如果该设计是通过强化主题来表现氛围，或通过一系列的互联网技术为消费者营造一个虚拟的空间，消费者在这个空间中便需要发挥自身的想象力，用自己所舒适的方式去感受，去理解空间所赋予的角色，在商业空间与自身之间建立一种沟通。

第四，具有感官的娱乐性的特点。商业空间的内外环境设计通过一定的互动体验设计的形式，将消费者与空间融为一体。消费者通过参与互动使自身得到娱乐享受，从而对空间的体验将会更加立体（图 4-3-1—4-3-3）。

图 4-3-2 香港湿地公园的互动屏幕，消费者可以自拍并发邮件到指定邮箱，趣味互动性较强。

图 4-3-1 上海新世界大丸百货的中庭活动屏幕。　　　　图 4-3-3 北京奥林匹克公园中的感官互动装置。

## 四、体验设计与数字媒体的互动技术

谈到互动体验设计在商业空间的应用，不得不说数字媒体艺术，因为互动体验依赖于数字媒体艺术的发展。数字媒体设计中的交互性、娱乐性及虚拟现实的表现形式，正是互动体验设计的重要着眼点，下面将做具体论述。

### 1. 数字媒体艺术

从应用来看，数字媒体是一种综合性的交叉学科，是将信息传播技术应用于文化、教育、商业、艺术、管理等多个领域，主要以数字技术、信息科学和现代艺术为指导，以大众传播理论为主要依据。数字媒体的形式多种多样，包括文字、图像、音频等，以数字化为主要的传播形式，简单地说就是信息的采集、加工处理、存储、分发采用的都是数字化的过程。

数字媒体艺术是一种新的艺术形式，它将科学的理性思维和艺术的感性思维结合在一起，以现代传媒技术和数字科技为创作基础。

2. 体验设计中数字媒体艺术的表现特征

数字媒体艺术有自己的表现方式，具体特征如下：

以计算机作为展示手段或创作工具；

具有交互性和追求游戏化的特征；

更为丰富多样的媒体表现形式，具有虚拟现实性、融合性；

表现题材更加广泛；

更新奇的视觉表现。

网络传播最显著的特点之一就是交互性强，数字媒体艺术和网络传播有着密切的联系。观者对艺术作品的体验是非常重要的一个环节，传统艺术在一定程度上虽也强调观众参与的重要性，但工业社会和商品经济所代表的大众传媒和大众文化更加强调"交互"对于艺术的重要性。数字媒体艺术能够实现传统艺术设计形式所达不到的交互水平，互动性更强。受众对数字媒体的参与、交互主要表现在两个方面：第一，数字媒体艺术的展开是在受众的控制下进行的；第二，数字媒体艺术作品会由于受众控制的不同而改变，所以数字媒体艺术作品是一个动态的作品。人和设计作品的交互性是虚拟现实艺术的显著特点，这种交互性主要是指人从虚拟环境中得到反馈的一种自然程度，以及人对虚拟环境内物体的操作程度。

商业空间的互动体验设计可从数字媒体艺术的角度进行深入研究，将数字媒体艺术本身所具有的特征应用于商业空间的内外环境设计中，从而使消费者自发地、积极地参与这种互动设计，拥有愉快的体验，进而沉浸其中、流连忘返，最终使商业空间聚集人气促进了消费。

3. 互动体验设计所需的互动技术

与科学技术的紧密结合，是数字媒体艺术的重要特征之一。数字媒体艺术的发展是随着技术的发展而不断向前推进的，技术影响着设计创意的思路和表现形态。

（1）互动投影技术

互动投影技术是商业空间互动体验设计重要的互动表现形式之一。它综合运用网络视觉技术、投影显示技术等来营造一种动感美妙的交互体验，是一种新型的多媒体展示技术。从技术原理上看，它首先通过感应设备捕捉到人体运动的信息，这些信息被送往影像分析系统进行分析，识别出人体的动作，影像播放系统根据识别出的动作播放相应的影像，并利用投影仪等设备将画面投射到特定的位置，从而实现人体的运动与影像之间的互动。

互动投影技术和触摸屏技术完全不同。首先，触摸屏技术需要一个与人体接触的介质（触摸屏）来感应动作，动作必须施加到一个载体上；互动投影则不需要，参与者可在特定的区域内自由动作。其次，触摸屏技术能够处理的动作少而简单，多利用手指点击、滑动、移动等，其实是用手指代替了鼠标；互动投影可以利用身体的任何部分来进行动作，包括手、脚、头等部位，动作也可以自由发挥，可以是挥手、踢脚、踩、跳等几乎任何动作。再次，触摸屏技术交互的对象是触摸屏；互动投影技术交互的对象是影像，是对投影影像施加交互动作。

互动投影系统由四个部分组成：

第一，信号采集部分。这一部分的主要任务是采集人体运动信息，也就是完成信息的捕捉。信息捕捉设备有视频摄像机、红外感应器、热力拍摄器等。

第二，数据处理部分。这是互动投影系统的核心部分，要把信号采集的数据进行分析，识别出参与者的动作及其变化，并将分析得到的结果与影像播放系统对接，形成动作与投影影像的互动。

第三，成像部分。成像主要是将影像呈现在显示器、屏幕等互动载体上。

第四，辅助设备部分。包括传输线路、音响设备、安装构架等（图4-4-1—4-4-3）。

互动投影包括多种类型，可根据投影所投射空间载体的不同，分为多种。互动投影是由一整个互动投影系统组成的。

地面互动投影。设置在顶部的投影仪将影像投射到地面，系统自动识别参与互动的观众的行为动作。不论是手还是脚，都可以根据投影的内容参与互动：浏览网页，观看图片，玩游戏（如下棋、踢足球、捉鱼等游戏）。设计师可以在商业空间的中庭、入口等处，根据整个空间环境，投射相应的主题投影，让消费者在进

图 4-4-1 广州新区亚运城市广场上的
互动投影装置。

图 4-4-2 互动屏幕显示的投影。

图 4-4-3 互动投影站。

入商场的第一瞬间就能感觉到互动的乐趣，进而调动消费者的消费热情。

立面互动投影。立面的互动投影是将影像投射到空间中的立面上，可以是正投，也可以是背投。系统能够自动识别参与者的行为动作，互动者也能参与投影画面中的互动内容，如游戏、绘画、签名等。在商业空间的互动体验设计中，我们可以利用这种立面投影技术进行个性化的设计，如进行相关的数字水帘设计等，打造一个逼真的水环境。

台面互动投影。这种投影是将影像投射到一个预先设定好的台面上，也可以分为正面投影和背面投影两种。在这种互动投影系统中，参与者一般用手的动作与画面进行交互。所以这种互动投影技术多应用于商业空间的某些互动体验设计，比如说下棋、绘画、翻书，还可以应用于餐饮空间的点菜等。

球面互动投影。这种投影是采用多个悬挂的投影仪将影像投射到一个球面上，观众可以在球体的四周观看影像。其通过感应系统来识别参与者的行为动作，与影像产生互动。商业空间的互动体验设计中可以融入这种球面投影技术，用于气氛渲染，以及休闲娱乐等，可吸引更多的消费者参与互动，体验其中的乐趣。

以上几种不同类型的互动投影，可根据需要选择使用。需要指出的是，在进行设计的时候，投射的内容应根据商业空间的功能、环境的氛围进行选择。投影内容要契合空间的主题，围绕主题进行环境的塑造。

（2）虚拟现实技术

商业空间的互动体验设计中，还常使用的一个技术就是虚拟现实。通过这种技术，设计师可以在商业空间的公共环境中虚拟出一个虚拟的现实空间，从而让消费者参与其中的互动，体验愉悦。

简单地说，虚拟现实是一个计算机系统，可以在其中创建和体验虚拟世界，参与者通过一些设备可以跟虚拟环境中的物体进行交互，如同在真实的环境中（图4-4-4）。

虚拟现实的基本特征如下：

第一，多感知性。这主要是说，虚拟现实除了视觉感知，还有其他感官的感知。但由于技术水平的限制，目前的虚拟现实的感知功能主要集中在听觉、力觉、视觉。

第二，沉浸感。沉浸感也可以被叫作临场感，是指用户利用虚拟现实的设备进

图 4-4-4  广州新区的城市广场中，消费者可参与的虚拟现实环境。

入虚拟环境之后，所看到的、听到的、摸到的、闻到的等各种感觉都如同真实一般，和现实世界中的感觉一样，难以分辨真假。

第三，交互性。交互性是指用户进入虚拟环境之后，可对虚拟环境中的物体进行操控，并能够得到及时的、自然的反馈。比如，我们可以用手去抓住虚拟环境中的物体，物体能够随手的运动而运动，如果用力把它捏碎，不但能够看到它破碎的过程，而且能够听到破碎的声音。

第四，构想性。虚拟现实可以模拟现实中存在的环境，也可以模拟人们想象中的环境，使用户产生丰富的联想，所以说，虚拟现实技术拓宽了人类的认知思维。

虚拟现实的关键技术：

第一，实时三维计算机图形生成技术。虚拟环境的创建，首先需要三维图形生成。目前，生成三维图形的软件有 3DMAX、MAYA、Softimage 等，它们在模型建立、材质选择、贴图或光影处理等方面都比较成熟。相对来说，三维图形的生成并不困难。这一技术中，真正困难的是实时性。当周边环境比较复杂、信息量较大时如果要实时生成效果逼真的三维图像，是一个非常难以解决的问题。

第二，立体显示技术。在现实生活中，人是依靠眼睛来获取外部世界的形象的。人的两只眼睛处于面部的不同位置，两只眼睛获得的图像是不同且不完整的，需依靠大脑将两只眼睛获得的图像进行合成，最后得到完整的外部世界景象。在虚拟现实系统中，模拟人眼睛的双目立体视觉技术，用两个显示器分别显示左眼和右眼看到的虚拟影像，两个显示器中的影像是分别生成的。

第三，立体声技术。在现实世界中，人依靠两只耳朵来判别声音的大小和方位。由于两只耳朵所处的位置不同，声音到两只耳朵的时间和强度不同，两只耳朵听到的声音并不一致，这就产生了声音的相位差和强度差，形成立体效果。立体声技术就是把左耳和右耳听到的声音分别录制，从而产生立体声的效果。

第四，触觉与力反馈技术。在现实世界中，我们与物体相互作用时会感觉到物体的反作用力。力反馈技术就是让我们在虚拟现实系统中与虚拟物体相互作用时也感觉到其反作用力，从而获得真实的体验。比如，当你用脚去踢虚拟的足球时，你的脚会感觉到它的反弹力；当你的身体被虚拟的子弹击中时，击中的部位会感觉到挤压。

第五，运动跟踪技术。在现实世界中，当人的头部转动时，看到的景象就会发生变化；当人的手从不同的方向、以不同的方式给物体施加力量时，物体的运动情况也各不相同。运动跟踪技术就是利用设备和技术来跟踪人体各个部分的运动情况，并以此来带动画面的显示，产生真实感。我们在操作计算机时常用的鼠标是不能代表它在三维空间中的运动的，在三维空间中它有六个方向的自由度，上、下、前、后、左、右，而鼠标只能在平面空间中运动，只有四个方向的自由度。

第六，语音输入、输出技术。这种技术是让虚拟现实系统能够识别人的语音，并能够用人的语言来表达。由于人的语言非常复杂，不同国家、不同民族的语言会有差异，即使同一种语言，不同的地区、不同的个体、不同的性别都存在较大的表达上的差异。让计算机来准确识别人类语言具有很高的难度。目前，使用人的自然语言作为计算机的输入语言面临两个问题，一是效率问题，人们输入的语音可能会相当啰嗦、极富口语化色彩；另外一个是理解的正确性问题，由于计算机毕竟没有人类智能，它只是进行语音上的匹配，因而在遇到方言、发音相似的字词时，可能会出现错误。

在数字媒体艺术构筑的虚拟世界当中，人们很难分辨清楚到底哪些是真实的，哪些又是非真实的，数字虚拟技术所营造的真实甚至比真实的存在还要真实，利用这种技术能够创造出现实很难实现的场景以及根本不存在的物象。图像有了突破性的发展，实现了用数字来制作图像而非借助光线。数字媒体艺术的虚拟性使得"真实"这一概念有了全新的含义，它所营造的真实完全超越了传统的真实经验，这就使得人们对真实的理解不能仅仅局限于日常经验中，而要进入虚拟的数字现实之中，一同去领略新的真实。

通过对虚拟现实的了解，设计师在进行商业空间的互动体验设计时，可以灵活运用此技术来提升商业空间中互动体验设计的质量。

## 五、商业空间环境互动体验设计的实现方式

商业空间环境互动体验设计可以通过多种方式来实现，包括互动水景、互动投影、互动屏幕、互动装置、主题活动以及心理参与等。要实现互动体验设计还有一个重要的因素，那就是互动体验主题的确立，如此才能将互动体验设计的各个分要素串联起来，形成统一的设计效果。

### 1. 主题的确立

在一个互动体验的设计项目中，要想让内容更加有利用价值，同时每一个环节的设计又不是孤立存在的，就需要考虑整个活动的主题。

主题是整个设计项目的特色和个性所在，它对项目的编排和环境的营造起着重要的作用，一个成功的主题能够有效地推动整个商业项目的工作。如果主题创意不够好，不能够给游客留下足够深的印象，那么其所带来的推动作用便十分微弱，所以让体验主题化十分必要。让互动体验设计拥有独特统一的主题，就意味着设计师需要构思一个富有参与性的故事作为剧本，这需要考虑多重因素。

（1）主题的要点

第一，要站在顾客的角度来确立主题。在设计项目的主题确立之前，要对目标市场做充分的调研，分析目标人群的各种需求，总结、归纳、权衡各种利弊之后，确定一个符合大众心理需求的合理主题，万万不可凭主观臆断，天马行空而脱离群众的实际需要。

第二，所选择的主题要有差异性。尽力做到人无我有、人有我优，切不可简单地重复、模仿、随大流，要形成自己独特的主题特色，避免千篇一律的局面。深入设计时，应该对主题概念的内涵和外延进行深入的研究，总结归纳素材之后使之能够更好地为创意服务，使体验深刻。

第三，主题的选择要带有文化性。文化是一壶耐人寻味的醇酒，在确立主题时一定要考虑相关的文化内涵，选择适合设计项目的文化主题，使之自然而然地处于高点。比如说某个以海洋作为主题的设计，不能不把展示海洋生物作为主题，

在展示的同时，要对海洋生物的生活环境、习性等做相关介绍，以突出海洋文化的主题。

第四，使主题具有拓展延伸性。一个好的主题能够在后续的设计开发中衍生出更多的设计产品，有可拓展的空间，尽量避免在设计中就某一个主题仅仅做一次文章，而是要让这个主题成为新产品开发的创意源泉。比如说围绕极地探险为主题的各种设计项目有很多，相关的衍生产品也有很多，如极地植被、极地生物、极地人文等，这些都可以深做、细做。

第五，设计中要贯彻可持续发展的思想。在主题的确立和项目的实现中，应考虑对环境生态的保护。

（2）主题的标准

第一，一个好的主题创意能够增强体验者的现实感受。在进行主题选择时，应考虑环境条件、地理位置、自我形象、社会关系等，要使消费者在进入商业空间后，能够充分地感受到环境的魅力。设计师竭力创造出不同于往日的互动体验，可让游客和消费者由内而外、发自内心地愿意感受周围环境。

第二，为深化主题可进行多景点布局。多景点的布局实际上就是"一主题套多主题"的形式。在一个统一的大主题之下，可设计丰富的小主题，从而使整个主题空间层次更加完善。比如香港的迪士尼乐园，把一个大空间分成了若干个单独的小空间，如老鼠窝、米老鼠马戏团、诧异迷宫、迷幻森林等，使游客拥有更深层次的体验主题。

第三，为营造主题氛围可增加活动体验。如果说商业空间的内外环境是主题创意设计的空间骨架，令人难忘的活动体验就是主题的灵魂了。为使主题设计的特色更加突出，一般表现为强烈的主题气氛、淋漓尽致的主题服务、惟妙惟肖的主题表演。商业空间的服务人员将主题信息准确地传递给顾客，消费者可感受到浓烈的主题气氛，将感官刺激转化为心灵的共鸣（图 4-5-1—4-5-4）。

2. 互动水景

互动水景是商业空间互动体验设计的一个重要实现方式。通过人与水的互动，活跃商业空间的气氛。

商业空间中的互动水景不仅可以观看，更吸引消费者的是，可以直接参与其中，和水亲密接触，充分体验和享受与水互动所带来的乐趣。这种商业空间的互

图 4-5-1 美国洛杉矶迪士尼乐园的主题娱乐游行活动。

图 4-5-2 美国洛杉矶迪士尼乐园的主题游行花车。

图 4-5-3 美国洛杉矶迪士尼乐园的主题性店面。

图 4-5-4 美国洛杉矶迪士尼乐园的主题性广告。

动水景将消费者视为水景构景的一部分，真正实现了人水的互动，最大限度地满足消费者亲水的愿望，以及与水共舞的心理需求。特别是当儿童与水互动时，通过对水的汲取、截流、拍击、疏导，既能感受到快乐，同时还可学到关于水的知识。

互动水景的类型有很多，既指一般意义上的互动水景，主要包括涉水溪、涉水池、旱地喷泉等几个重要的类型，又由于科技的进步、技术的支持，包括以数字技术为支撑的数字水幕。不管哪种类型的互动水景，都是商业空间实现互动体验设计的一种重要方式。

（1）涉水溪

这种水景的互动形式通常在商业空间内环境的公共休闲娱乐区域设置，有时也出现在商业空间外环境广场休闲娱乐区域。通过这种形式，可提高消费者参与的积极性。通常情况下，涉水溪是用鹅卵石或石块铺成的，水流通过时形成各种姿态，有的湍流激荡，有的涓涓细流，形成水与石的交响乐。石块应该避免有尖锐的棱角，对稍微大点的卵石或者块石要进行牢固处理，防止卵石、块石的滑动、脱落，对体验者造成伤害。溪流底部要做防滑处理，水深应控制在30厘米以下，防止儿童在戏水时发生溺水现象。

（2）涉水池

涉水池主要应用在商业空间的外环境水景区域，其互动形式可以分为两类：第一类是水面上的涉水互动，主要通过踏步石的设计让参与者体验跨越踏步石的乐趣；还有就是水上景观的设置，包括游船互动（图4-5-5）。第二类是水面下的涉水互动，主要指儿童戏水，水深同样不能超过30厘米，底面要做防滑处理。

（3）旱地喷泉

旱地喷泉能够塑造水体的造型，它是经过压力处理将水喷出，形成各种

图4-5-5 美国拉斯维加斯威尼斯人酒店互动水景。

图 4-5-6  美国好莱坞星光大道互动水景 a。

图 4-5-7  美国好莱坞星光大道互动水景 b。

造型来吸引观众。水的压力一般是由水泵来提供的。不同形式的喷头可塑造出各种富有表现力的水姿形态，不仅丰富了空间的层次，还带来视觉上的愉悦。另外一种音乐喷泉的表现方式也多种多样，有音乐形式的、程控形式的、激光形式的等，它是一种重要的现代水景设计方式，发展迅速，同时应用相当广泛。

旱地喷泉的池和喷头均隐藏于地下，表面是平整的硬质铺装，在不喷水时不影响景观效果和人流穿行。喷水时人也可以进入喷泉阵中体验嬉水的乐趣，与水形成互动。

雾喷泉也是一种效果独特的喷泉形式，采用特殊的可喷出微细水滴的雾化喷头，营造出烟雾弥漫的视觉效果。雾喷泉有设置在水池和旱地两种形式，经常与其他景观配合使用，也可以结合旱喷泉布景，营造丰富多变的水景景观（图 4-5-6—4-5-7）。

（4）数字水幕

数字水幕是另外一种以技术为支撑的互动水景。数字水幕的出现为商业空间互动体验设计的实现方式提供了更加丰富的选择。它为商业空间的环境设计提供了一种设计思维的突破，为娱乐场所带来了一股兴建水幕墙的热潮，让商业空间的环境设计有了新的风格和新的特色。

数字水幕通过艺术的形式完美展现了现代科技的力量，迅速地吸引了消费者的眼球。数字水幕突破了传统的水景设计多以水景灯、音乐喷泉为基础的设计理念。在当前的数字水幕设计中，随着技术的不断发展，市场上已经出现了互动数控水幕，水幕随着音乐的节奏显示出丰富的表演效果。消费者可以根据自己的兴趣喜好以及当时的心情，在数字水幕系统的触摸屏上写下或画出想要表达的文字和图案，之后整个水幕上就会流出相应的文字和图案，从而更好地实现数字水幕与人的互动。

水景是景观设计中最常用的元素之一，其设计的好坏对整个环境至关重要。在具体设计中，互动水景的设计要点如下：

第一，水景的功能要求。对于戏水类的水景来说，如果是水池，则要注意水池的深度不能过深，以免造成危险。在一些娱乐性和参与性的水景设计中，还要格外注意水质。对于水型，要符合环境的功能特点，既能丰富空间，又可以使空间形式达到统一。

第二，水景在美观性方面的要求。水景的视觉效果在很大程度上影响着整体景观的效果，不论是溪流、跌水还是喷泉，都要考虑其具体造型，使之成为景观中的点睛之笔。

第三，水景的可参与性和安全因素。喜水是人的天性，水景不只是供欣赏的视觉要素，还要特别注意其可参与性，使人能很方便地接触水、亲近水，参与到各种水面活动中，以提高水景的吸引力。

第四，水体应尽量连通、循环。死水对水质是不利的，景观中的水应该是循环流动的，因为流水具有较强的自动净化能力。

第五，考虑水景的夜间效果。水景照明既要根据水景的形式选用合适的灯具和投光方式，也要考虑水景的组合效果及多动光色的使用，尤其是动态水景照明。

### 3. 互动投影

互动投影是应用于商业空间环境的一种互动方式，尤其在商业空间的公共广场区域，能够调动空间内的人群积极参与互动。

例如在商业空间环境中，壁面是消费者最为直接接触到的界面，也是接触最为频繁的界面。商业空间中的壁面材质、色彩、图案等，都会对消费者的行为起到引导或限定作用。如果从壁面的角度来探讨互动体验的实现方式，可以将行为的互动体验作为主要探讨点，辅以感官互动体验的表现形式，使互动体验的实现方式更为丰富（图 4-5-8）。

从行为层面来看，商业空间地面的互动体验主要是通过地面互动投影来实现的。在商业空间中有几个空间部位是应用地面互动投影的绝佳空间，包括商业空间内环境的入口空间、中庭空间、休闲娱乐空间，同时还包括其外环境的广场空间等。

入口是消费者进入消费空间的第一个区域，在这个区域进行地面互动投影的趣味性设计，能够极大地激发消费者的购物热情，让消费者在进入商业空间的第一瞬间就开始参与互动。在进行地面材质选择时要注意整个环境的色彩、格调与氛围，注意防滑。

图 4-5-8 香港湿地公园的互动投影屏幕。

中庭和休闲娱乐空间更是应用地面互动体验设计的理想区域。这类空间相对开阔，一般会聚集大量的消费者，可让多人同时参与地面的互动体验，如游戏类的地面互动投影等。通过多人的互动，可极好地调动商业空间的氛围。同样，地面在材质的选择上不能太滑，防止消费者在活动时跌倒受伤。地面的色彩、图案同样也不能太过花哨，避免影响识别地面的互动投影。

4. 互动屏幕

互动屏幕可以单体屏幕的形式存在，也可以和商业空间的墙体结合在一起。具体的表现形式可分为多个种类。

（1）数字互动屏幕

数字互动屏幕以触觉为基础，触觉是所有的感官知觉中最强烈的一种，因为它能够让主体对客体产生最直接的体验。

数字互动屏幕与传统的以键盘和鼠标为主的输入方式相比较，输入方式更加直观，更容易引起消费者的参与感。随着科技的发展，当前的触摸屏已经由单点触屏发展到了多点触屏，国际上图像显示领域的前沿技术之一就是超大型的多人多点触摸显示系统。它能够实现多人同时操作，但互不影响、互不干扰，每个人都可以随心所欲地在屏幕上涂写。

数字互动屏幕也为商业空间的墙面设计提供了一种有效形式。设计师可以在商业空间的多个地方适当融入数字互动屏幕，让消费者在闲暇时与数字触摸屏幕产生互动，增加消费者的消费兴趣，也让空间的互动形式更丰富、更有趣也更有吸引力。

（2）互动天幕

商业空间顶面的互动体验设计分室内和室外两部分。这里我们所讨论的互动体验设计以有顶棚的空间为载体。一般情况下，顶面的设计不会受到过多的重视，但它是一个重要的设计元素，是划分空间、表现氛围、调节尺度的重要载体。

室内天幕：

室内商业空间的天幕设计主要是指有吊顶的顶棚界面，它的表现形式也是多样化的，如穹顶、弧顶、斜顶、复式等多种形式，传统的照明方式就是射灯、筒灯、格栅灯等。随着现代科技的发展，现代的顶面设计更新奇、更具吸引力。比如将室内顶棚设计成室外天空的效果；通过计算机系统的有效控制，不仅能够模拟出惟妙惟肖的云，还可以根据不同的时间来控制天空的颜色，甚至还可以模拟出闪电，营造一种真实的场景。

　　天幕的出现能吸引大量的消费者前来体验，在这方面应用得比较成功的案例是美国拉斯维加斯酒店的室内天幕，其吸引了众多的游客参与体验，为游客带来愉悦的心情。有时候天幕还能为消费者营造一种世外桃源的美丽景象，让消费者感受到遁世体验（图 4-5-9 — 4-5-10）。

图 4-5-9　美国拉斯维加斯灯光隧道的室内天幕 a。

图 4-5-10　美国拉斯维加斯灯光隧道的室内天幕 b。

室外天幕：

对于商业空间的室外天幕，我们最熟悉的案例就是北京世贸天阶的天幕，它是亚洲首座、全球第二大规模的电子屏幕。其规模虽然比不上美国拉斯维加斯的天幕，但是在技术上却远远地超过了前者。世贸天阶天幕在技术上处于世界领先水平，被称为世界奇观，吸引大量消费者前来体验，消费者可以深深体会到科技发展所带来的梦幻般的艺术表现形式（图4-5-11—4-5-12）。

这种商业空间的室外天幕设计跟室内天幕设计采用的技术基本相同，都是利用计算机技术营造多姿多彩的空间效果，包括晴朗的蓝天白云、璀璨的星空、茂密的森林、神秘的海底世界等，为消费者带来奇幻的音响与视觉效果，同时超大的显示天幕能够为消费者营造更震撼的体验效果（图4-5-13）。

所以在商业空间的顶面设计中，我们完全可以借鉴互动天幕的形式，让商业空间的环境设计变得更加吸引消费者。

图4-5-11　远看北京世贸天阶的室外天幕夜景。

图4-5-12　近看北京世贸天阶的室外天幕。

图4-5-13　深圳东部华侨城的室外天幕。

5. 互动装置

由于计算机的普及和网络的迅猛发展，以全新的数字技术为基础的新媒体艺术在 20 世纪 90 年代末开始在中国迅速发展起来。互动装置艺术作为新媒体艺术的一个重要分支，具有互动性、实验性、娱乐性、跨学科性等，是一门新兴的综合性较强的艺术形式。它随着科技的进步和艺术外延的扩大而产生、发展，在创作过程中结合了计算机和其他数字技术，是以硬件装置媒介为基础的交互艺术，观众可以通过自己的身体或者数据界面来和图像或者声音等产生互动。互动装置艺术中，最重要的就是体验感，观众通过与装置的互动，成为作品的一部分，不管是互动的形式还是装置作品本身的形式都能给参与者带来新的体验。

一件能够感知外界信息并做出反应的互动装置，通常具备三个必要因素：首先，要能够感知外界的变化，这是由各种不同功能的传感器来实现的，也就是信息输入的过程；其次，必须能够根据所感知的信息做出反应，这部分功能是由控制器和执行器来共同完成的，也就是信息的处理；最后，对所处理的信息能够有效输出。

(1) 互动装置艺术的表现形式

互动装置强调观众的参与和交流，观众也是作品实质性的组成部分，甚至可以说作品本身就是为观众的参与而设计的，观众是作品意义生成的重要环节。互动装置主要是通过计算机控制系统实现人与装置的互动。互动装置的表现形式多种多样，参与者通过不同的方式，如移动、触摸、发声等来参与互动，最终改变互动装置的声音、图像、色彩等。新科技的发展不断为互动装置艺术创造新的形式手段，技术因素成为互动装置艺术的重要组成元素。

互动装置还有以远程系统为基础的作者和观众的互动，这种互动也依赖网络平台。另外，还有基于虚拟投影的多媒体互动系统，以及触摸屏互动系统，可以说多种多样。这些互动装置的原理，有的简单，有的十分复杂，但是系统结构基本都比较繁琐，完成整个创作过程通常需要一个团队。

最为常见的一种互动装置是以传感器为基础的人机互动，传感器能够感受到外界被测量的信息，进而根据系统提前设置好的程序做出相应反应。互动装置作品通过各种信息采集设备来对观众进行位置、动作、表情等信息的捕捉，从而改变装置作品的状态。

基于投影设备的互动装置是在创作互动作品时应用较为广泛的一类。这类互动作品的系统结构比较单一，通常由输入设备、个人 PC 电脑和投影仪等组成，创意主要体现在如何于输入设备上实现互动感知，投影仪提供了互动反应的平台。在创作这一类互动装置作品时，可以充分利用电脑绘图和投影仪来实现互动而不用自己动手制作接收信息的连接硬件。

（2）互动装置艺术的实验性特征

互动装置艺术最鲜明的特征是互动性，这也是它与其他艺术形式的最大区别。观众的参与是互动装置艺术的重要组成部分，这使得互动装置艺术呈现出实验性的性格特征，因为观众的参与使作品具有一种随机性。

互动装置艺术的创作工具非常广泛，包括计算机、数字化产品、各种传感器、显示器、投影仪器、编辑软件以及具有装饰性的综合材料，信号输入、处理、输出，以及图形、图像与声音、动作的生成与转化，基本都依托于计算机程序语言的编写处理，这是装置艺术的灵魂。这个特点就要求互动装置艺术要不断吸收高科技成果，将其纳入到艺术创作中来，这也使得互动装置艺术更具实验性的特征。

互动装置在商业空间中具体的实现方式和形式，可以从商业空间的底面、立面、顶面分别进行。

在商业空间中，消费者的行为方式形成一些较为固定的场景，而通过特定的方式可以增强商业空间的场景感。在传统的商业空间中，场景感的营造往往局限于某一固定功能，但是现代商业空间的场景感的营造会更多地将消费者的行为因素考虑在其中，不仅使空间的形态多种多样，而且功能也更丰富。在现代商业空间，为实现互动体验，商家组织的活动主要有以下几个种类：

第一，商场为了增加营业利润而在商业空间的公共区域进行促销活动。这种活动虽然能吸引消费者，但它属于一种折价促销活动，这种促销活动中消费者基本是在拥挤的状态下挑选商品，所以消费者在某种程度上并不能够享受这种购物体验，在现代商业空间中不太值得大力提倡。

第二，商家结合特定的节日，举办与节日相关的活动。

第三，商家举办的各种娱乐互动活动，这些活动以各种公益、联谊、选秀等形式来调动商业空间的气氛，激发消费者的参与热情（如图 4-5-14）。

图 4-5-14 深圳"欢乐海岸"
中庭的娱乐互动场所。

　　总之，商业空间应通过丰富的活动来增加消费者的参与度，这是一个重要的设计策略。在进行活动策划的时候应该以消费者为主体，"设计消费者之所需"，从而真正的让消费者愿意参与，最终聚集人气，促进消费。

第五章 | Chapter 5
# 商业空间外环境设计

商业外环境涉及范围较广，包含了商业步行街等多种基面要素、维护面要素、环境设施要素。其中基面要素指的是各类路面、广场、绿地、水面、停车场地等；维护面要素包括建筑立面细部设计、广告招牌、橱窗等；环境设施要素指的是信息类、休闲类、卫生类、照明类等商业设施的外环境。现代商业外环境为商业中心提供广告宣传空间，为消费者提供休闲娱乐和社会交往的消费体验空间等，因此，其相应地需要良好的交通条件、空间功能、环境设施和景观设计等。本章对这类商业空间外环境的设计方法进行概括与归纳，并总结其设计特点。

## 一、设计方法

1. 营造具备复合功能的体验空间

在商业体验消费的过程中，对商业中心的外环境功能要求很多，如休闲娱乐、体育锻炼、举办活动、交流会面、交通疏散等。这些功能都需要在设计时加以综合考虑，而怎样才能将这些功能和谐地组织在一起，则需要通过调查商业中心的周围环境、规模和经营模式，以及消费者的要求，综合分析之后才能予以确定。

（1）创造复合功能的场所区域

设计师要根据体验消费背景下商业中心外环境功能的复合性，结合外部场地交通流线，创造符合消费者需求的功能空间。在功能空间的划分过程中又要注意区域之间的联系，不能单独把某一项功能仅仅放在某一个区域，每一个区域至少应该具备两种或两种以上的功能。例如休闲娱乐区域可能包含着餐饮设施，在旁边可能有儿童嬉戏区域。人们的体验消费行为之间的联系，直接导致了外环境功能区域之间的联系（图 5-1-1—5-1-4）。

消费者根据年龄、性别的不同，对空间也有不同的喜好，有人喜欢热闹有人

图 5-1-1 美国环球影城入口处具有娱乐、商业等复合功能。

图 5-1-2 美国洛杉矶迪士尼乐园中具有餐饮、小憩等复合功能的休息空间。

图 5-1-3　奥地利哈布斯堡王朝美泉宫花园广场边具有复合功能的室外休闲吧。

图 5-1-4　纽约时代广场具有复合功能的商业环境，集休闲、集会、广告宣传为一体。

喜欢安静。因此设计师要注意动静分区，满足不同活动的展开和不同消费者人群的使用需求。

（2）使用复合功能的景观元素小品

具有复合功能的景观元素小品可以用于外环境面积比较小的商业中心。在保证功能多样性的前提下，既节约场地空间又节约建设成本，受到地产开发商的欢迎。例如，一个垃圾桶同时还是一个景观灯箱，夜晚照明时又变成一个广告牌，既满足了使用者的需求又为商家做了广告。这样的设施能够在有限的场地内发挥尽可能多的功能，来满足外环境使用者的需求。

2. 营造安全有序的体验空间形态

营造具有体验性的外环境空间，首先要保证场所的安全性。安全因素直接影响着使用者的生命健康以及舒适感与愉悦性。

（1）合理的使用密度

一个优秀的商业中心不仅仅是一个商业体，其外环境还承担着诸多公共活动，甚至有公共绿地的作用。随着商业中心外环境功能的复合化，被吸引而来的消费者越来越多。按照商家的心理，自然希望商业设施能吸引更多的消费者来消费，从而获得高收益。但是如何控制好这个度，分流室内外空间人流，也是外环境空间需要承担的责任。特别是在外环境中，人们更希望能拥有属于个人领域的休憩空间。因此，在商业中心的设计过程中，需充分考虑对使用密度与规模的合理设置，形成一个有秩序的空间（图5-1-5）。

图 5-1-5　商业空间外环境中合理地规划餐桌与流动空间的使用密度。

合理规模的数据范围，可以参考芦原义信的著作《街道的美学》，从而得知空间的宽度与周围建筑物的高度也存在着适当的比例关系。

道路宽度（d）与两侧建筑物高度（h）之比例关系列表，及人体对其的心理反应，可见下表：

| 道路宽度（d）与两侧建筑物高度（h）之比 | 人的心理反应 |
| --- | --- |
| d/h 等于 1 | 舒适不压抑 |
| d/h 在 1.5 到 2 范围内 | 保留空间围合感 |
| d/h 大于等于 3 | 离散感 |
| d/h 继续增大 | 丧失空间围合感 |
| d/h 小于 1 | 压抑感 |

（表格来源：[ 日 ] 芦原义信著，尹培桐译：《街道的美学》，武汉：华中理工大学出版社，1989 年。）

在商业外环境设计中可以参考多种理论对于尺度的分析，来进行商业中心外环境的规模设计，从而创造出合理、舒适的空间环境。

具体来说，在商业规划初期，就要通过前期分析，预知外环境中容易产生的密度过大或过小的问题，设计顺畅的交通流线引导外环境使用者流动。比如说，在商业中心出入口往往聚集比较多的人，因此必须区分车行和人行入口，注重人车分流，避免行人和汽车碰撞的可能性，增加他们的安全感；在外环境广场举办活动时人流聚集，这就要求设计师在外部场地规划中预留临时活动的场地。在商业外环境与城市道路的衔接地带，既要兼顾外部环境的开放性，又要做适当的分隔，从而给已经进入商业中心范围的消费者以安全感，可设计适当的绿植、小品等美化空间（图 5-1-6—5-1-7）。

（2）具有安全性的外环境设施

由于商业外环境中各种设施的不同使用频率，使得设施的安全性尤为重要，也会对使用者的心理造成很大的影响。

照明设施：在商业外环境中，照明设施主要在夜晚发挥作用，故夜晚灯光照明就要极其注意。光线的不同强度，会让使用者的心理产生不同程度的安全感受。如

图 5-1-6 克罗地亚扎达尔古城公园合理地规划休闲餐饮空间的使用密度。

图 5-1-7 商业空间入口广场合理的设计导向流线与照明设施设计，确保人流通行的安全性。

亮度合理而舒适的光线让夜晚的外环境使用者便利感和安全感倍增。

另外，外环境场地若有高差，需要根据规范设置相应的无障碍通道，以方便人们尤其残疾人等通行。在休闲娱乐设施的设计上也要遵循安全性原则，如儿童游乐区铺地材质应用软质材料。此外，营造半围合的休憩空间，也能给消费者带来安全感，例如在靠墙、树荫等安全地域设置坐凳。在外环境的植物栽植选择上，应该避免选用有毒或有刺的植物品种（图 5-1-8）。

（3）商业外环境的秩序性

秩序化的空间营造主要分为两个方面：一是构建空间的顺序，使其具有连续的使用顺序；二是强调空间的节奏，主次分明，突出重点。

商业外环境空间依次为：与城市道路的过渡空间、入口、广场空间、与商业建筑的过渡空间，以及连接各个空间的交通流线。确定好大体空间序列后，再根据现状在外环境场地上划分休闲、娱乐、餐饮、商业、观演、绿化等空间，各个功能空间之间有所穿插。这些空间相互渗透、相互结合，形成了一个更为完整的空间（图 5-1-9—5-1-10）。

商业外环境空间与城市广场一样，需要注意空间的节奏感，明确空间的主次，让使用者根据空间的节奏韵律感受场所，增强不同空间的可识别度和特色。空间的节奏可分为"前导空间—演进空间—高潮空间—后续空间"。"前导空间"一般起过渡作用，设计时要注意个性特征，强调通达性，方便消费者进入。"演进空间"

图 5-1-8　商业餐饮区的玻璃隔断利用植物做安全提示。

图 5-1-9　商业建筑利用灰空间设计突出主次的秩序，很好地起到过渡作用。

图 5-1-10　餐饮空间流线关系明确而有秩序。

一般为集散、休闲、聚会空间，是人们的主要活动地，设计时要注意整体风格的统一，考虑人的使用体验。"高潮空间"一般是外环境接近入口两侧的主广场空间，常设置雕塑、商业展板等标识景观，在节假日的时候也常常举办各种商业活动、促销展示等。需要注意的是，"高潮空间"也需要分清主次，避免过于杂乱，应突出重点，以简洁的手法将这一空间的特色表达出来。"后续空间"一般为与建筑的过渡空间，设计时需参考边缘空间的设计理念，充分考虑人们对边缘空间的使用需求。设计师在规划时要分清主次、循序渐进，营造出和谐舒适的商业空间氛围，将消费者有秩序地引入商业建筑内部空间。

3. 营造具有主题性的特色体验空间

在体验型消费中，为使场所给使用者留下深刻的体验，需要强调空间主题性的营造和个性的凸显。所以，在商业外环境中应更加注重特色。

在塑造商业中心的特色时，可以从以下三个方面入手：

（1）地域历史性主题

根据不同地区的民俗特色和历史文脉，提取历史记忆元素并将其运用到外环境的设计中，形成商业主题，这被称为地域历史性主题。该形式在一些老城区改造后的商业中心比较常见。例如北京前门商业街，外环境设计加入能反映该地区历史风貌的灯具、雕塑小品等；又如上海新天地，其独具特色的商业空间环境保留了石库门建筑形式。

在地域历史性主题的设计中，为了达到烘托特色氛围的目的，可采取一些方式重新呈现当地历史记忆或戏剧场景，使消费者身临其境体验文化，如整合一些文化元素碎片，融入到铺装、景墙材料中去，来展现当地的文化特色（图 5-1-11—5-1-13）。

（2）社会性主题

当今，消费环境已逐渐从传统商业中心的室内消费转向室内外环境结合的开放式消费，这便要特别加强整体社会化氛围的营造，使人们能在节假日更好地休闲聚会。例如，深圳的"欢乐海岸"是深圳市旅游规划的重点项目，其位于深圳湾商圈核心，占地面积约 125 万平方米，其中购物中心面积 19.3 万平方米，SOHO 办公及公寓占地 3.2 万平方米，华·会所占地 1 万平方米，OCT 创意展示中心占地 4000 平方米，曲水湾占地 6.5 万平方米，曲水街占地 5.7 万平方米，创意设计型酒店占地

图 5-1-11　成都春熙路商业街
表现历史性主题的景观小品和
壁画。

图 5-1-12　成都春熙路商业街
具有历史性主题的壁画。

图 5-1-13　北京前门商业街具有
历史性主题的丝绸老店。

7000 平方米，中影影城占地 1.1 万平方米，心湖占地 90 万平方米，是集文化、生态、旅游、娱乐、购物、餐饮、酒店、会所等多元业态于一体的都市娱乐目的地。

　　这里的海洋奇梦馆拥有世界最大的水母主题展示区和国内最大的活体珊瑚主题展示区，形成最具娱乐体验的商业空间。华·会所集高端会务、生态景观、餐饮、健身、SPA、娱乐于一体，提供各项综合服务，并配备标准直升机停机坪、观光游艇、网球场、雪茄吧、无边际双泳池、豪华 SPA 及环岛跑道等，为精英阶层建立私密专属区域。曲水湾以"找回深圳消失的渔村"为故事主线，形成小桥流水、庭院步道、绿树簇拥、碧水环抱的现代岭南文化渔村建筑风格（图 5-1-14—5-1-18）。

图 5-1-14 深圳"欢乐海岸"是集文化、生态、旅游、娱乐、购物、餐饮、酒店、会所等多元业态于一体的都市娱乐目的地。

图 5-1-15 深圳"欢乐海岸"全景规划。

图 5-1-16 深圳"欢乐海岸"
入口。

图 5-1-17 深圳"欢乐海岸"
茶吧。

图 5-1-18 深圳"欢乐海岸"
广场景观。

（3）文化艺术性主题

文化艺术性主题类商业活动大多数是辅助节日庆典而临时出现的主题场景，应用多种文化主题故事、景观文化、商品服务等要素，并结合主题活动来营造氛围，诠释不同的商业主题文化定位。商业空间根据所在地区消费者的购物需要、消费心理、区域文化等，参考空间形式的不同流派确定文化主题；多运用景观小品设施、布景、装饰设计等，在空间处理、环境塑造、形象设计等方面对商业文化主题进行整体表现，起到商业文化信息中心的作用。这类主题体验易与消费者产生共鸣，较受年轻人喜爱。许多国内外著名的商业街或商业中心，大多是历史悠久的文化商业街区。它们以商业活动为基本功能，拉带餐饮业、服务业及文化娱乐业的发展，并以此展现悠久的城市风情文化，成为城市生活中特殊的文化风景线（图5-1-19—5-1-22）。

4. 消费者参与场地体验活动

在商业外环境中，消费者主动参与的体验活动主要包括：商业表演中的互动、娱乐活动、体育运动等，这类活动通常只是暂时性的，但气氛活跃且互动性较强，多数都会吸引较多的人群参与并营造热闹的环境氛围。这种以消费者为创造体验主体的场景就是主动参与式场景（图5-1-23—5-1-24）。

对于这部分活动的体验设计，如何选择场地的位置是十分重要的。通常来说，这种活动场地的选择需要既不影响交通，又可以吸引附近人来参与，所以一般会设

图 5-1-19　海洋文化主题的店面设计。

图 5-1-20　商业店面突出主题的品牌文化。

图 5-1-21　美国洛杉矶迪士尼乐园，特有的主题公园。　图 5-1-22　美国以圣诞节为主题的餐厅。

图 5-1-23　香港商业环境中室外表演、娱乐的场所，目的是为加强消费者的体验活动。

图 5-1-24　克罗地亚首都萨格勒布城市广场娱乐休闲场所。

置在主要交通空间的旁边。那么怎样的预留场地才是设计师心目中的理想场所呢？一般来说，在没有活动举行时，该类场地可以任意通行，也可以摆放一些临时性的景观设施，但在有活动时可提供空间以满足不同规模类型的商业表演。当然这种设计的重中之重仍是安全问题。

另外，为了使此类场所的使用率与使用者停留时间相对提升，就必须充分考虑这类场所的舒适度及人性化程度。人性化的设计，首先是需要创造舒适的环境氛围，可以从色彩、植物、环境设施出发进行空间氛围的营造。其次，就是融入人性化的设施设计理念，比如座椅要根据人的心理和生理因素进行安放。人性化的场所创造出的舒适感会使人有愉悦的记忆，这种感受往往促进使用者再次前来体验。

在商业外环境中，还有一项十分重要的体验活动就是被动参与，相较于主动参与活动来说，它对周围人群的影响不是那么的直观，但它能使人们在不知不觉中更乐于去感受和交流，是一种潜移默化的体验。一些效果较好的被动参与活动体验场所，可以吸引更多更广泛的消费者，促进更多无目的购买行为的发生。商业环境设计所追求的购买欲望的激发就是指这类体验活动。

## 二、设计要点

### 1. 空间营造

#### （1）交通组织

在交通组织中，商业空间外部场地的交通流线方式分为两类：人车混行和人车分流。整体看来，交通组织的发展趋势趋向于立体化、多层次。

随着商业环境的发展，消费者的交通方式呈现多样性，一般情况下建议多采用人车分流的方式规划交通空间。为了提高步行空间的舒适与安全性，同时也为了满足车辆行驶的通畅，将人流和车流分开组织是非常有利的。可以采用一些立体交通的方式，比如天桥、地下通道等，这样既满足了安全的需要，同时也创造了丰富的空间变化。但是需要特别注意这些路线出入口的景观效果。为了与周围环境相协调，需要形成良好的步行空间景观，最好适当地结合植物盆栽、景观小品等。

根据人们所选交通方式的不同，需要区分不同交通流线来诱导外环境使用者的路线，比如人车分流、外环境休闲路线、进入商业体内部购物的引导流线等。如果商业中心的位置是在公交枢纽或地铁旁，就要注意疏导购物人群和过路人群，比如利用高差、绿化等来隔离公共交通和商业环境（图 5-2-1—5-2-2）。

#### （2）空间序列

商业空间的入口广场、建筑周围的过渡空间、城市道路与外环境的过渡区、休闲区等，是商业中心外环境的主要组成部分。

图 5-2-1 美国洛杉矶
好莱坞商业街区，交通
组织流线关系明确。

图 5-2-2 美国波士顿
商业广场的交通组织，
实行人车分流。

　　入口广场作为外环境的主体区域，具有引导人流、商业展示、休闲娱乐的作用。设计上一般通过铺装变化、绿化点缀、商业设施来装饰场地。其具体可用来举办集会活动、演出与体育活动、艺术展览等。当然，设计是要根据现场实际情况进行相应调整的，调整后的活动空间才能够有效活跃环境的气氛，从而吸引更多的使

图 5-2-3　广场空间层次分明、有主有次，特别是绿化配置有聚有散、散而不乱。

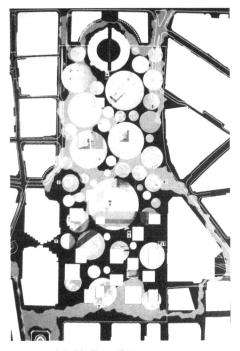

图 5-2-4　广场空间平面一览图。

用者。在入口广场区，可适当地设计铺装纹样、布置景观雕塑等来烘托商业氛围（图 5-2-3—5-2-4）。

建筑周围的过渡空间，亦称建筑周围的灰空间。这种空间具有室内空间和室外空间的双重特点，而且一般指有顶的室外空间，如柱廊棚架等，可以丰富空间层次，使用者往往喜欢停留在这个区域。引导购物者进入建筑内是灰空间的另外一个功能。因此在设计上，应结合建筑底层商店的灰空间，为消费者提供导引作用。

城市道路与外环境的过渡区，是商业环境与外界的过渡区域，这个空间使用最为频繁，使用者为商业环境的过路者或消费者，也是外环境的潜在使用者。其在环境设计上不仅要保持与周围环境的紧密联系，同时也要保证商业外环境与城市道路边界的清晰划分。划分此边界时，可以利用高差变化，例如设置台阶、景观墙、阶梯绿化等。除了利用高差变化，当然还有另外几种方法来区分，如铺装的区分、隔离墩、绿化隔离带、标识牌、广告牌等，以此来暗示空间的领域感。这部分空间中人流杂乱，不同的人产生的活动也不同。为了不造成空间拥挤与杂乱，休憩所用的设施不能过多地被放置于此，要注意合理地安排活动区域。

　　此外，休闲区也是商业外环境中比较重要的空间，因为关注人的非消费行为会提升人们的舒适度，反过来促进消费行为。休闲区也是外环境中人们共享的公共空间，这就需要对休闲区的空间形态构建做到多样化设计，提供不同的休闲娱乐方式来满足消费者的需求。

　　(3) 界面设计

　　界面和开放空间是一种"有"和"无"的关系，它们是两个相互依存的元素，相辅相成地构建了建筑的空间形态。底面、立面和顶面这三个部分是外环境界面的基本要素。在商业外环境中，底面一般为地面，立面是商业中心建筑的外立面，顶面一般是天空或者在灰空间中可为实体。

　　平地和高差是底面常见的两种形式。人流量较大的地方应该留出平地，而且为了划分空间和丰富层次，可以变换铺地材质。下沉和高起是高差底面的两种常见形式。高起的底面不仅可以聚集视线焦点，还可以作为外环境的标识物；而下沉的底面完全可以作为露天剧场、台阶式广场，因为这种底面有很大的内向性。

　　美国洛克菲勒中心的下沉广场，不仅给周边街道带来了十足的生气，而且形成了一种独具特色的看与被看的场所。尤其是每到冬季，这里就变成一个大型室外溜冰场，停靠在栏杆上眺望冰场热闹景象也变成一种休闲娱乐 (图 5-2-5)。

图 5-2-5　纽约曼哈顿洛可菲勒中心室外溜冰场，利用排列的旗杆进行广场界面设计。

　　立面对于商业外环境来说就是建筑外立面，景观设计师要和建筑、室内设计师一起配合，统一建筑外墙、店面门面、橱窗展示、户外广告等设计风格，结合夜晚的灯光照明，烘托出整个商业环境的氛围。

　　天空和灰空间中可为实体是顶面的两种表现形式，其中实体部分又分为建筑实体与自然实体。在商业中心建筑周围的灰空间，这类实体一般为遮阳棚、廊架、玻璃顶等各种不同的材质。为了达到景观变化、节奏变化等不同的空间效果，可运用光影、灯具等设计元素。

　　自然实体也有良好的使用效果，有乔木、攀缘植物等，而且可根据四季变化进行培植，这种自然实体能使人们更加亲近大自然（图 5-2-6）。

　　商业外环境的界面设计要结合开敞空间和围合空间，界面设计与空间设计紧密联系，两者相辅相成，缺一不可。商业外环境中好的界面设计也是商业活动与行为的载体之一，是营造愉悦的商业氛围的重要手段。

图 5-2-6　通过建筑的灰空间和廊架，以及攀缘植物，巧妙地进行界面设计。

### 2. 营造元素

　　氛围营造主要是消费者通过视觉、听觉、嗅觉、触觉等各种感觉的景观创造，来营造舒适的空间氛围，使消费者在其中产生愉悦的心情和感受，这也是商业外环境提升消费体验的途径。

（1）植物设计

植物一直被认为是构成景观的重要元素之一，在公园、广场等环境的景观设计中，植物往往占有重要地位，既能形成良好的景观效果，又能发挥良好的生态作用。

在商业外环境中，栽植植物不仅可以起到美化和软化空间的作用，而且植物在外环境中有着降低噪声、吸附灰尘、遮挡阳光的重要功能。另外，合理利用具有地方特色的植物造景还可以展现地域特色。现在的商业外环境很多都是大面积使用硬质铺装用作广场、地面停车场，鲜有植物的踪影。但是消费者往往喜爱亲近自然，在环境中增加植物元素，这种自然景色营造出的轻松氛围是其他任何豪华装修不可能做到的。

商业外环境的植物设计不一味追求多与杂，也可少而精，在商业中心使用功能已得到满足的前提下，应对植物设计所带来的景观效果加以重视。

在进行植物设计时，首先应该对植物栽植的位置进行思考。在人流较多和空间狭小的区域不宜栽植过多的灌木；在入口处不宜栽植大树遮挡视线，而应摆设适当的盆栽，起到点缀的作用。在植物的选择上，应选用一些能烘托环境氛围的植物，营造热情欢快的场景。

植物的设计为空间带来了视觉、嗅觉、触觉等多重感官体验，植物丰富的季相变化也使外环境的景观丰富而有生机。植物设计所体现出的自然特性使外环境具有了与内部环境所体现出的人工性截然不同的特点。因此，在商业中心外环境的景观设计中，植物设计是不容忽视的造景要素（图 5-2-7 — 5-2-10）。

（2）水景设计

在营造愉悦体验的商业中心外环境时，融入水景元素能够大大增加环境与人的互动。由于天生的亲水性，人们一般都喜欢聚集在水景周围进行活动交流，水景也在不同季节给消费者以不同的感受。如果说在其他季节水景的声音、形态变化能带给人视觉上的愉悦，那么在炎热的夏季，水景的清凉感和互动性更能吸引消费者前来。但由于水景维护费用高，在商业外环境的使用并不是很多，一些有水景的也多不常用，只在节假日时使用。

商业外环境设计要创造良好的景观效果，其实面积小而精的水景设计也能起到活跃气氛的作用。植物的喷灌养护中也可以适当地结合景观化的处理，如利用水

图 5-2-7 利用攀缘植物软化建筑实体的景观设计。

图 5-2-8 北欧国家挪威的屋顶植物设计。

图 5-2-9 欧洲巴尔干旅游区的移动商业售货亭和灯具
利用吊挂植物进行装饰设计。

图 5-2-10 体现热带植物特点的景观小品。

雾，在灌溉绿植的过程中又能增加趣味性，使人愉悦（图 5-2-11—5-2-14）。

（3）灯光照明设计

利用灯光照明塑造商业外环境的夜景，需要考虑照明安全与景观效果两个方面。

灯光照明设计首先要满足商业外环境的照明，使外环境使用者能看清周边环

图 5-2-11 深圳海上世界喷泉水景设计。

图 5-2-12 水景小品设计。

图 5-2-13 利用水中倒影进行一体化的水景设计。

图 5-2-14 富有现代设计理念的水景小品。

图 5-2-15　日本大阪商业街利用灯具、灯箱与重点照明来突出店面的商业气氛。

图 5-2-16　美国拉斯维加斯灯光隧道的商业照明设计。

图 5-2-17　通过灯光照明来突出店面立体肌理的形式设计。

境的道路。要注意避免眩光，灯具设置要具有隐蔽性，灯光照射方向要避免朝向人眼，这样才能让人们获得身体上和精神上的舒适与安全感。在外环境空间中，利用各种造型景观灯，结合商业建筑户外广告灯箱、地灯，以及景观小品、装饰照明等，通过照射、反射、折射等方法，可营造灯光迷人的商业景观氛围。不同于商业广告展示照明的鲜亮夺目，商业外环境的休息空间应该使用幽静淡雅的照明，而且亮度要适宜，给需要休息的游人驻足停留的气氛。可在入口空间设置醒目的灯具，沿道路利用光照的变化引导人们自然进入商业中心体验消费。

商业中心作为城市环境的组成部分，夜晚照明也能起到丰富城市的整体夜景光环境氛围的作用（图 5-2-15—5-2-17）。

（4）景观小品及广告设计

除了城市公共景观中

应有的雕塑、路灯、廊架、临时构架物等，商业空间中的户外广告牌、商品模型等用来宣传商品的构筑物也是特殊的景观小品。

在外环境活动场地周围配备具有观赏性的休息设施也是一种常见的设计方法。人们经常会选择外环境中具有代表性的景观构筑物作为约会见面的地点，等人、合影的活动经常发生于此。这时的景观构筑物还具备标识物的功能，成为外环境的景观节点。商业外环境场地内的景观小品设计风格应保持统一，并融于整个商业文化氛围中。

而广告设施比较特别，也属于商业中心景观小品。商业中心外环境中需要许多广告设施和标识辅助商业活动。好的广告有分割空间、营造气氛、创造美感的作用，已经成为商业中心造景元素的重要部分。广告设施与活动可以创造热闹的商业氛围，多配以活泼的造型、大胆的颜色，以吸引消费者的眼球。广告设计在商业中心外环境商业体验场所是不可或缺的。设计师应该发挥创造力，使商业展示和宣传融入到整个商业环境中来（图 5-2-18—5-2-24）。

（5）公共设施设计

在商业外环境中，与消费者最为密切的就是公共设施。公共设施的设计至关重要，包括座椅、垃圾箱、饮水处、标识牌等。

外环境休闲公共设施的功能，在于供游人打发时间、购物后休息、聊天、阅读、观景等。设计师应根据外环境使用者的这几种常见的行为方式进行座椅的设计

图 5-2-18 美国洛杉矶迪士尼乐园富有圣诞节日气氛的景观小品。

图 5-2-19 美国洛杉矶环球影城游乐园的移动售货车。

图 5-2-20 美国洛杉矶环球影城游乐园的宣传车。

图 5-2-21 美国洛杉矶环球影城游乐园商业促销活动
设施。

图 5-2-22 欧洲巴尔干旅游区的景观小品。

图 5-2-23 美国纽约曼哈顿街头的商业广告。

图 5-2-24 美国洛杉矶环球影城商业步行街广告设施。

摆放。打发时间和购物后稍作停留的人一般对座椅要求不高，简洁造型的座椅即可满足；而与同伴聊天、阅读时，则需要舒适的座椅和相对隐私的空间。也可在绿植区设置座椅，让人融于自然环境景色。同时，座椅的造型可以根据不同的环境有一定的变化，以增加外环境的设计特色，但是在风格上要与整个商业中心建筑、室外环境相统一，能够融于整个大环境中（图5-2-25—5-2-28）。

　　垃圾箱的数量和位置要根据外部场地实际情况进行设置，数量过多和位置不当会破坏外环境景观。在人流比较密集的地方，垃圾箱数量可相应增加。垃圾箱的设计也应该融于大商业环境，可以选择与周围环境相一致的色彩，让垃圾箱也成为景

图 5-2-25　欧洲老城贝尔格莱德商业步行街的公共饮水设施。

图 5-2-26　美国波士顿商业街的公共设施。

图 5-2-27　日本东京商业街的自动售货机。

图 5-2-28　建筑灰空间用作休闲小憩空间的公共设施。

观的一部分。

标识系统相较于座椅和垃圾箱，特别醒目。对于外环境面积比较大、交通组织比较复杂的商业中心，标识系统的设计举足轻重。外环境使用者通过搜寻标识系统，可迅速找到目的地，从而增加外环境中消费者的安全感。在不影响标识系统的正常使用前提下，对其进行艺术设计也能为商业中心增加亮点。

商业中心作为比较时尚、具有现代感的空间，其公共设施所用的材料在实用性的基础上也应当前卫、独特，以展现商业氛围，吸引更多的消费娱乐活动。

（6）铺装及材料设计

图 5-2-29　具有领域感和娱乐性的铺装设计。

在商业外环境中，消费者接触最频繁的就是铺装设计。由于铺装占外环境面积最大，其不同的形式、色彩直接影响着整个商业环境的氛围。

地面铺装的主要功能还是用来衬托商业建筑的外环境，因此在色彩上不宜过艳，多以浅色为主，配合外环境景观节点时可以适当加入具有特色的图案形式。同时，地面铺装多变的形式和风格还可以用来划分外环境空间（图 5-2-29—5-2-30）。

图 5-2-30　通过不同铺装材料来划分空间区域的环境功能。

　　在地面特殊的公共空间，比如旱喷区，其周围的铺装应选用防滑材料，保障使用者的安全。在保证铺装纹样和谐的前提下也要注意区域的可识别性，有效划分外环境空间。铺装还可以配合具有地域化、特色化的设计形式，镶嵌或组合拼装出具有历史文化特色的形式。另外，材料选择上还要注重生态可持续性的海绵城市建设（图 5-2-32—5-2-33）。

　　总之，商业空间外环境设计除了以上要点外，还要考虑实际场地的空间特点、商业中心的定位、地产开发商的资金等，不能孤立地做设计。

图 5-2-31　体现历史文化意义的铺装设计。

图 5-2-32　具有排水和装饰等多种功能作用的铺装设计。

# P结束语
## eroration

　　商业空间设计的好坏，不是绝对的，而是相对的；不同的环境对设计有一定的制约，再加上人们的审美标准不同，品位各异，设计师必须综合各方面因素，参照设计美学的原则，加以协调。由于商业环境是公共空间，应了解大众审美情趣、顾客行为心理，在设计中树立以人为本的思想，创造出具有特色的商业空间环境以吸引顾客。

　　首先，在接到设计任务时，必须与客户沟通，了解客户的意向、要求。应辅之以多种媒介的表现手法，展示自己的创意设计，取得客户的认同。

　　其次，更新设计观念。当今社会信息发达、瞬息万变，商业竞争手法和方式层出不穷。随着销售方式从封闭到开放的转变，以及空间静态与动态的形式变化，"快速购物""诱导购物""休闲购物"等购物心理形式出现，形成了各种空间组织形态。这样，设计师就必须精心设计和策划各种环境怡人的商业购物空间去迎合顾客，通过视觉美向顾客传递一定的信息，唤起人们的兴趣和购买欲，满足消费者休闲购物和娱乐性购物的要求。

　　再者，从商业环境的总体形象出发，整体设计，突出重点。商品展示设计是商业空间设计的重点，这方面创新设计是最广泛、最直接、最能为大众感受到的。用各种风格、各种材料、各种表现手段及各种精美商品所组成的展示性空间，可为活跃商业气氛增添活力。

　　商品琳琅满目、复杂多样，但每种商品都有自己的特点，展示、陈列的表现手法各不相同，所考虑的相关空间性质也有所区别。为此，我们应做深入细致的研究。

　　商业空间设计往往比其他空间设计更具有挑战性，它必须迎合流行趋势，受市场及产品的影响较大。商业环境设计涉及的领域也较广、较宽，不论是功能布局、运动路线、表现手法、装饰材料的运用，还是造型素材及色彩的选择等，都应大胆创新、独树一格，创造富有特色的商业空间环境气氛。

# B 参考书目

Bibliography

[ 1 ]  赵慧宁、赵军著：《现代商业环境设计与分析》，南京：东南大学出版社，2005 年。

[ 2 ]  汪正章著：《建筑美学》，北京：人民出版社，1991 年。

[ 3 ]  〔美〕约翰·波特曼、乔纳森·巴尼特著，赵玲、龚德顺译：《波特曼的建筑理论及事》，北京：中国建筑工业出版社，1984 年。

[ 4 ]  许祥华主编：《现代商业室内设计》，上海：上海科学技术出版社，1992 年。

[ 5 ]  南舜薰、辛华泉著：《建筑构成》，北京：中国建筑工业出版社，1990 年。

[ 6 ]  阮长江等编著：《世界现代环境设计经典》，南京：江苏美术出版社，1997 年。

[ 7 ]  〔美〕纳亚娜·库里姆霍依编著，汤韫琛译：《商店与餐厅入口设计》，北京：中国轻工业出版社，2000 年。

[ 8 ]  陈顺安主编：《室内细部设计》，北京：中国建筑工业出版社，2000 年。

[ 9 ]  许祖华著：《建筑美学原理及应用》，南宁：广西科学技术出版社，1997 年。

[ 10 ]  彭一刚著：《建筑空间组合论》，北京：中国建筑工业出版社，2002 年。

[ 11 ]  王小慧著：《建筑文化·艺术及其传播》，天津：百花文艺出版社，2000 年。

[ 12 ]  许家珍主编：《商店建筑设计》，北京：中国建筑工业出版社，1993 年。

[ 13 ]  〔美〕约瑟夫·派恩二世、詹姆斯·H. 吉尔摩著，夏业良，鲁伟等译：《体验经济》，北京：机械工业出版社，2008 年。

[ 14 ]  谢成开编著：《数字媒体艺术设计概论》，重庆：西南师范大学出版社，2011 年。

[ 15 ]  白雪竹、李颜妮著：《互动艺术设计新思维》，北京：中国轻工业出版社，2007 年。

[ 16 ]  贾秀清等编著：《重构美学：数字媒体艺术本性》，北京：中国广播电视出版社，2007 年。

[ 17 ]  马晓翔等编著：《数字媒体艺术概论》，南京：江苏科学技术出版社，2010 年。

[ 18 ]  曹倩编著：《实验互动装置艺术》，北京：中国建筑工业出版社，2011 年。

［19］ 王蕊、李燕临编著：《数字媒体设计与艺术》，北京：国防工业出版社，2012 年。

［20］ 王佳著：《信息场的开拓：未来后信息社会交互设计》，北京：清华大学出版社，2011 年。

［21］ 刘伟编著：《走进交互设计》，北京：中国建筑工业出版社，2013 年。

［22］ 美国城市土地利用学会编著，肖辉译：《商业中心开发设计手册》，北京：知识产权出版社、中国水利水电出版社，2003 年。

［23］ 马连福著：《体验营销——触摸人性的需要》，北京：首都经济贸易大学出版社，2005 年。

［24］ 田鲁著：《光环境设计》，长沙：湖南大学出版社，2006 年。

［25］ 〔日〕中岛龙兴著，马卫星译：《照明灯光设计》，北京：北京理工大学出版社，2003 年。

［26］ 余东升著：《中西建筑美学比较研究》，武汉：华中理工大学出版社，1992 年。

［27］ 〔英〕诺尼·尼善万德著，吴君竹、王文婷、刘佳译：《现代室内细部设计》，沈阳：辽宁科技出版社，2004 年。

［28］ 〔英〕理查德·韦斯顿著，范肃宁、陈佳良译：《材料、形式和建筑》，北京：中国水利水电出版社、知识产权出版社，2005 年。

［29］ 〔法〕罗伯特·杜歇著，司徒双、完永祥译：《风格的特征》，北京：三联书店，2004 年。

［30］ 〔英〕大卫·沃特金著，傅景川等译：《西方建筑史》，长春：吉林人民出版社，2004 年。

［31］ 郭东兴、张嘉琳编：《装饰材料与施工工艺》，广州：华南理工大学出版社，2005 年。

［32］ 沈福熙著：《人与建筑》，上海：学林出版社，1989 年。

［33］ 〔美〕阿摩斯·拉普卜特著，黄兰谷等译：《建成环境的意义—— 非言语表达方法》，北京：中国建筑工业出版社，2003 年。

［34］ 张绮曼编著：《室内设计的风格样式与流派》，北京：中国建筑工业出版社，2000 年。

［35］ 亢羽著：《中华建筑之魂》，北京：中国书店，1999 年。

［36］ 〔美〕罗伯特·文丘里著，周卜颐译：《建筑的复杂性与矛盾性》，北京：中国水利水电出版社，2006 年。

［37］ 吴庆洲著：《建筑哲理、意匠与文化》，北京：中国建筑工业出版社，2005 年。

［38］ 〔英〕罗杰·斯克鲁顿著，刘先觉译：《建筑美学》，北京：中国建筑工业出版社，2003 年。

［39］ 郑曙旸著：《室内设计·思维与方法》，北京：中国建筑工业出版社，2003 年。

[40] 李允鉌著：《华夏意匠：中国古典建筑设计原理分析》，天津：天津大学出版社，2005 年。

[41] 〔英〕彼得·柯林斯著，英若聪译：《现代建筑设计思想的演变（第二版）》，北京：中国建筑工业出版社，2003 年。

[42] 王萱、王旭光主编：《建筑装饰构造》，北京：化学工业出版社，2005 年。

[43] 赵建国、程静波、蒲爱华编著：《环境·材料·构造》，重庆：重庆大学出版社，2004 年。

[44] 戴志中著：《国外步行商业街区》，南京：东南大学出版社，2006 年。

[45] 李砚祖著：《设计研究：设计产业与设计研究》，重庆：重庆大学出版社，2011 年。

[46] 朱力编著：《商业环境设计》，北京：高等教育出版社，2008 年。

[47] 辛艺峰编著：《商业建筑内外环境设计》，北京：机械工业出版社，2013 年。

[48] 卫东风编著：《商业空间设计》，上海：上海人民美术出版社，2013 年。

[49] 冯绍群著：《行为心理学》，北京：学苑出版社，2002 年。

[50] 郭东兴、张嘉琳著：《装饰材料与施工工艺》，广州：华南理工大学出版社，2005 年。

# "博雅大学堂·设计学专业规划教材"架构

为促进设计学科教学的繁荣和发展，北京大学出版社特邀请东南大学艺术学院凌继尧教授主编一套"博雅大学堂·设计学专业规划教材"，涵括基础/共同课、视觉传达、环境艺术设计、工业设计/产品设计、动漫设计/多媒体设计五个设计专业。每本书均邀请设计领域的一流专家、学者或有教学特色的中青年骨干教师撰写，深入浅出，注重实用性，并配有相关的教学课件，希望借此推动设计教学的发展，方便相关院校老师的教学。

## 1. 基础/共同课系列

设计美学概论、设计概论、中国设计史、西方设计史、设计基础、设计速写、设计素描、设计色彩、设计思维、设计表达、设计管理、设计鉴赏、设计心理学

## 2. 视觉传达系列

平面设计概论、图形创意、摄影基础、字体设计、版式设计、图形设计、标志设计、VI设计、品牌设计、包装设计、广告设计、书籍装帧设计、招贴设计、手绘插图设计

## 3. 环境艺术设计系列

环境艺术设计概论、城市规划设计、景观设计、公共艺术设计、展示设计、室内设计、居室空间设计、商业空间设计、办公空间设计、照明设计、建筑设计初步、建筑设计、建筑图的表达与绘制、环境手绘图表现技法、效果图表现技法、装饰材料与构造、材料与施工、人体工程学

### 4. 工业设计/产品设计系列

工业设计概论、工业设计原理、工业设计史、工业设计工程学、工业设计制图、产品设计、产品设计创意表达、产品设计程序与方法、产品形态设计、产品模型制作、产品设计手绘表现技法、产品设计材料与工艺、用户体验设计、家具设计、人机工程学

### 5. 动漫设计/多媒体设计系列

动漫概论、二维动画基础、三维动画基础、动漫技法、动漫运动规律、动漫剧本创作、动漫动作设计、动漫造型设计、动漫场景设计、影视特效、影视后期合成、网页设计、信息设计、互动设计